全国高职高专"十三五"规划教材

大学计算机应用基础教程实验指导

主　编　訾永所　舒望皎

副主编　杨正元　邱鹏瑞　钱　民　罗　玲

参　编　赵云薇　高润琴　刘云昆　王瑛淑雅　董国华

中国水利水电出版社
www.waterpub.com.cn

·北京·

内 容 提 要

本书是《大学计算机应用基础教程》的配套实验教材，适用于应用型本科及高职高专非计算机专业学生教学和自学使用，根据《大学计算机应用基础教程》相应内容同步编写，是对主教材知识的进一步加深巩固和练习用配套用书。

全书由计算机基础知识，Windows 7 操作系统，文字处理软件 Word 2010，电子表格处理软件 Excel 2010，演示文稿制作软件 PowerPoint 2010，数据库管理系统 Access 2010，计算机网络与应用，多媒体技术基础，网页设计基础，常用软件基本操作共十章内容组成。在编写方法上突出实用性，主要着眼于提高学生实际操作技能，直接以任务驱动的方式，对应主教材逐项设计训练项目，从而达到提高学生实际动手能力的效果。

图书在版编目（CIP）数据

大学计算机应用基础教程实验指导 / 訾永所，舒望皎主编. -- 北京：中国水利水电出版社，2017.7（2020.8 重印）
全国高职高专"十三五"规划教材
ISBN 978-7-5170-5386-6

Ⅰ. ①大… Ⅱ. ①訾… ②舒… Ⅲ. ①电子计算机－高等学校－教学参考资料 Ⅳ. ①TP3

中国版本图书馆CIP数据核字(2017)第099100号

策划编辑：寇文杰　责任编辑：李 炎　封面设计：李 佳

书　　名	全国高职高专"十三五"规划教材 大学计算机应用基础教程实验指导 DAXUE JISUANJI YINGYONG JICHU JIAOCHENG SHIYAN ZHIDAO
作　　者	主 编　訾永所　舒望皎 副主编　杨正元　邱鹏瑞　钱 民　罗 玲
出版发行	中国水利水电出版社 （北京市海淀区玉渊潭南路 1 号 D 座　100038） 网址：www.waterpub.com.cn E-mail：mchannel@263.net（万水） 　　　　sales@waterpub.com.cn 电话：（010）68367658（营销中心）、82562819（万水）
经　　售	全国各地新华书店和相关出版物销售网点
排　　版	北京万水电子信息有限公司
印　　刷	三河市铭浩彩色印装有限公司
规　　格	184mm×260mm　16 开本　12.75 印张　315 千字
版　　次	2017 年 7 月第 1 版　2020 年 8 月第 4 次印刷
印　　数	21001—28000 册
定　　价	25.00 元

前　　言

本教程是《大学计算机应用基础》的配套实验教材，适用于应用型本科及高职高专非计算机专业学生教学和自学使用，根据《大学计算机应用基础》相应内容同步编写，是对主教材知识的进一步加深巩固和练习用配套用书。依据教学过程中的实际情况，在内容上有少许的加深和取舍，但总体依据教育部大学计算机课程教学指导委员会对大学计算机基础课程教学纲要基本要求，以及云南省普通高等学校非计算机专业学生计算机知识及应用能力一级考试大纲的要求编写。

全书由计算机基础知识，Windows 7 操作系统，文字处理软件 Word 2010，电子表格处理软件 Excel 2010，演示文稿制作软件 PowerPoint 2010，数据库管理系统 Access 2010，计算机网络与应用，多媒体技术基础，网页设计基础，常用软件基本操作共十章内容组成。在编写方法上突出实用性，主要着眼于提高学生实际操作技能，直接以任务驱动的方式，对应主教材逐项设计训练项目，从而达到提高学生实际动手能力的效果。

本书教学的总参考学时为 38～56 学时。可依据学生不同专业和教学实际情况适当调整或选取相应章节进行教学。

章节	参考学时数
第 1 章　计算机基础知识	2～3
第 2 章　Windows 7 操作系统	2～4
第 3 章　文字处理软件 Word 2010	8～12
第 4 章　电子表格处理软件 Excel 2010	9～13
第 5 章　演示文稿制作软件 PowerPoint 2010	2
第 6 章　数据库管理系统 Access 2010	4～5
第 7 章　计算机网络与应用	3～5
第 8 章　多媒体技术基础	5～7
第 9 章　网页设计基础	2～3
第 10 章　常用软件基本操作	1～2

本书由长期从事计算机基础教学的一线教师共同编写完成，由訾永所、舒望皎任主编，杨正元、邱鹏瑞、钱民、罗玲任副主编，第 1 章由云南农业大学高润琴与云南工艺美术学校董国华共同编写，其余章节由昆明冶金高等专科学校教师完成编写，分别是，第 2 章、第 5 章由杨正元编写，第 3 章由舒望皎编写，第 4 章由赵云薇编写，第 6 章由钱民编写，第 7 章由邱鹏瑞编写，第 8 章、第 9 章由訾永所编写，第 10 章由罗玲编写，全书的统稿及修改由訾永所负责完成，刘云昆、王瑛淑雅、洪洁、周永莉、陈春兰、尹晟、郑凌参加了大纲讨论和部分编写工作，编写过程中得到了王跃及崔霞主任的大力支持，在此表示衷心的感谢。

本书提供了教材相关的教学资源，可供使用本教材的学校和教师使用，需要的读者可与编者联系（tm03_0823@126.com）。由于时间仓促及作者水平有限，书中难免有不妥甚至错误之处，恳请读者批评指正。

编　者
2017 年 4 月

目　　录

第1章　计算机基础知识

实验1　打字练习与文字录入

一、实验目标

1. 熟悉打字基本指法。
2. 熟悉键盘操作。
3. 熟练使用常用快捷键。
4. 熟练使用软键盘。
5. 熟悉特殊字符的录入方式。

二、实验准备

1. 打开金山打字 2006。
2. 打开 Office 2010。

三、实验内容及操作步骤

1. 打字教程。
2. 全角半角。
3. 文本录入方式。

1. 打字教程

按照金山打字教程指导方法，熟练掌握键盘的运用、基本输入法切换、基本指法、标准的姿势，形成良好的习惯，开启打字学习之旅。

（1）认识键盘

开启金山打字教程之后，其键盘功能展示如图 1-1-1 所示。根据图示内容，对照自己使用的键盘实物，认识键盘的区域划分，即功能键区、状态指示区、主键盘区、编辑键区、辅助键区。

（2）打字姿势

开启打字教程的打字姿势页面，展示出如图 1-1-2 所示的打字姿势图，对照图示内容和说明，调整好自己的打字姿势，养成良好的习惯，保证以正确的姿势投入到打字学习中。

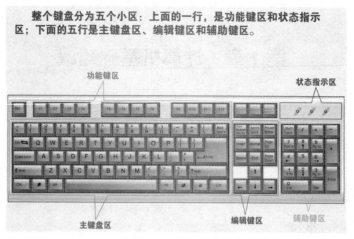

整个键盘分为五个小区：上面的一行，是功能键区和状态指示区；下面的五行是主键盘区、编辑键区和辅助键区。

图 1-1-1　键盘分区

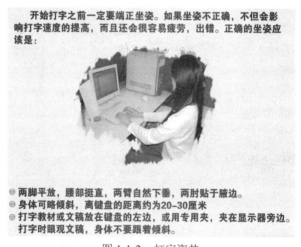

开始打字之前一定要端正坐姿。如果坐姿不正确，不但会影响打字速度的提高，而且还会很容易疲劳，出错。正确的坐姿应该是：

◎ 两脚平放，腰部挺直，两臂自然下垂，两肘贴于腋边。
◎ 身体可略倾斜，离键盘的距离约为20~30厘米
◎ 打字教材或文稿放在键盘的左边，或用专用夹，夹在显示器旁边。打字时眼观文稿，身体不要跟着倾斜。

图 1-1-2　打字姿势

按照图 1-1-2 所示内容，打字练习时要随时注意脚、腰、臂、双肘的姿势；保持身体离键盘的最佳距离；打字时养成眼观文稿，身体不要倾斜的习惯。

（3）基本指法

切换到打字教程的打字指法选项，展开打字指法详解窗口，如图 1-1-3 所示。按照图示手指分工，把左右手放在基本键位上，不要越位，养成良好的打字习惯，各个手指均得到相应的锻炼，才是实现快速打字的基础。

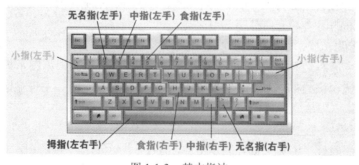

图 1-1-3　基本指法

（4）输入法切换

进入实际打字练习阶段，首先要记住输入法切换、中英文切换、大小写切换，以及上档键切换几个常规快捷键。

输入法切换：Ctrl+Shift。

中英文切换：Ctrl+空格。

大小写切换：Caps Lock。

上档键切换：Shift。

2. 全角半角

（1）全角与半角。

- 全角是指一个字符占用两个标准字符位置。汉字字符和规定了全角的英文字符及国标 GB2312-80 中的图形符号和特殊字符都是全角字符。一般的系统命令不用全角字符，只是在进行文字处理时才会使用全角字符。
- 半角是指一个字符占用一个标准字符位置。通常的英文字母、数字键、符号键都是半角的，半角的内码都是一个字节。在系统内部，以上三种字符是作为基本代码处理的，所以用户输入命令和参数时一般都使用半角。

（2）全角与半角使用场合

- 全角占两个字节，半角占一个字节。
- 半角全角主要是针对标点符号来说的，全角标点占两个字节，半角标点占一个字节，而不管是半角还是全角，汉字都还是要占两个字节。
- 在编程的源代码中只能使用半角标点（不包括字符串内部的数据）。
- 在不支持汉字等语言的计算机上只能使用半角标点。
- 对于大多数字体来说，全角看起来比半角大，但这不是本质区别。

（3）全角和半角的区别

- 全角就是字母和数字等与汉字占等宽位置的字。半角就是 ASCII 方式的字符，在汉字输入法没有起作用的时候输入的字母、数字和字符都是半角的。
- 在汉字输入法出现的时候，输入的字母、数字默认为半角，但是标点则默认为全角，可以通过鼠标点击输入法工具条上的相应按钮来切换。

（4）关于"全角"和"半角"

- 全角：是指国标 GB2312-80《信息交换用汉字编码字符集－基本集》中的各种符号。
- 半角：是指英文文件 ASCII 码中的各种符号。

3. 文本录入方式

打开 Word 文档，录入文档时候的一般原则是，若是键盘没有办法录入的字符，就用软键盘录入，若软键盘也没有办法录入，那就用插入特殊符号的方法录入。编辑文档的时候还经常用到一些快捷键，如表 1-1-1 所示，常用快捷键需要记住。

（1）常用快捷键

表 1-1-1　常用快捷键

快捷键	功能	快捷键	功能
Ctrl+X	剪切	Ctrl+S	保存
Ctrl+C	复制	Ctrl+W	关闭程序

续表

快捷键	功能	快捷键	功能
Ctrl+V	粘贴	Ctrl+N	新建
Ctrl+A	全选	Ctrl+O	打开
Ctrl+Shift	输入法切换	Ctrl+Z	撤销
Ctrl+空格	中英文切换	Ctrl+F	查找
Ctrl+拖动文件	复制文件	Ctrl+回车	QQ 号中发送信息
Ctrl+[	缩小文字	Ctrl+Home	光标快速移到文件头
Ctrl+]	放大文字	Ctrl+End	光标快速移到文件尾
Ctrl+B	粗体	Ctrl+Esc	显示"开始"菜单
Ctrl+I	斜体	Ctrl+Shift+<	快速缩小文字
Ctrl+U	下划线	Ctrl+Shift+>	快速放大文字
Ctrl+Backspace	启动\关闭输入法	Ctrl+F5	在 IE 中强行刷新

（2）键盘录入

● 键盘主键盘区文本的录入，默认是小写英文录入。若需要录入大写字母，则按下 Caps Lock 键，可以在大小写间切换。大写开启时，键盘状态指示区域对应的指示灯亮。

● 键盘主键盘区的上位键字符，按住"Shift+该键"可以实现录入上位键字符。

● 删除键有 Back Space 和 Delete，分别为删除光标之前内容和删除光标之后内容。

● Insert 键（插入/改写键），可以在改写输入和插入输入之间切换，要特别注意该键的使用，因为不常用，所以万一不小心按到该键，成为改写状态，一定要会按该键切回成插入状态。

● Print Screen 键（抓取屏幕键）可以实现对当前屏幕的全屏抓取功能，抓取到的图片可以使用快捷键 Ctrl+V 快速粘贴到需要的位置。若需要对抓取内容作简单处理，可以打开操作系统自带的画图软件，执行 Ctrl+V 操作，在绘图软件中作简单处理。

● Num Lock（键盘锁）用于开启或关闭右侧小键盘，键盘开启时，键盘状态指示区域对应的指示灯亮。

（3）软键盘录入

有的时候，在录入文本时，键盘没有办法录入，这时就要考虑使用软键盘录入。软键盘的开启和关闭，在中文输入法状态下，用鼠标右键点击输入法的软键盘图标，弹出软键盘输入对话框，如图 1-1-4 所示。根据所需录入字符内容，选择相关项，可以直接用鼠标点击录入。

（4）特殊字符录入

当遇到键盘和软键盘都无法录入的情况，我们就要考虑使用插入特殊符号的方法进行文本录入，在打开 Word 文档的条件下，执行"插入/符号/其他符号"命令，开启特殊符号录入对话框，如图 1-1-5 所示。点击"符号"选项卡，在下拉菜单里面有许多选项，根据录入需要，选择对应的特殊符号，选中符号后，点击"插入"即可。

四、任务扩展

1. 试用五笔输入法练习打字。
2. 试用打字游戏练习打字。

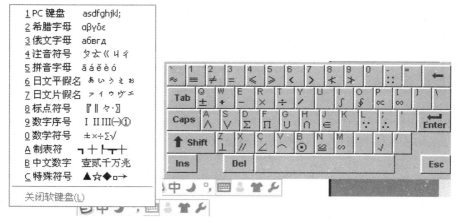

图 1-1-4　软键盘

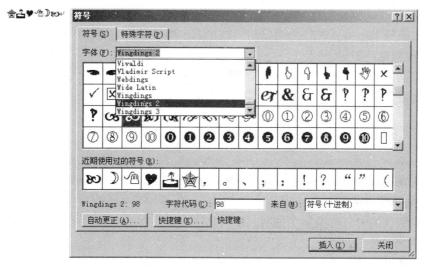

图 1-1-5　"符号"对话框

实验 2　数制计算

一、实验目标

1. 熟练掌握十进制与 N 进制之间的相互转换方式。
2. 熟练掌握二、八、十六进制之间的相互转换方式。
3. 熟练掌握原码、反码、补码计算。
4. 熟悉 ASCII 码编码规则。

二、实验准备

1. 熟悉进制换算方法。
2. 熟悉 ASCII 码编码规则。

三、实验内容及操作步骤

 **实验内容**

学校大学生社团组织征稿活动，题目为"一行数字情书"，征稿要求如下：

1．要求用一行情书形式，表现手法要含蓄且有创意。

2．情书描述方式灵活自由。

3．有一定的表达情感含义。

4．内容要包含"大学计算机基础"第 1 章中的二、八、十六进制相互转换，ASCII 码计算及相关数制计算等知识。

5．情书可以包含有发出和回复内容。

在众多稿件中，收到如下一封稿件：

1．发出的情书：用 ASCII 码编辑的一行情书，用汉语拼音表达，内容为"xi wang zuo ni de ying zi（希望做你的影子）"。

2．收到回复的情书一：用十六进制编码后回复。回复"3CF5E9A70EE"（暗示答应）。

3．收到回复的情书二：用八进制编码后回复。回复"321456476345"（暗示拒绝）。

 **实验要求**

1．请对发出情书中的内容进行计算，填写完毕表 1-2-1 所有空缺内容（不能查教材中或其他资料中的 ASCII 表）。

2．将收到的情书一转换为二进制。

3．将收到的情书一转换为 ASCII 码。

4．将收到的情书一内容用表 1-2-1 的 ASCII 码查询出来（用拼音表示），再根据语文知识把汉字写出来。

 提示　表 1-2-1 中已给出两个编码，用 ASCII 码表的编码规则，计算出其他空白处的 ASCII 码并填入对应位置。

 **操作步骤**

1．请把发出情书中的内容通过计算，填写完毕表 1-2-1 所有空缺内容（不能查教材中或其他资料中的 ASCII 表）。

表 1-2-1　写出对应 ASCII 码

情书 ASCII 码		喜欢回复 ASCII 码		有男朋友回复 ACSII 码		拒绝回复 ASCII 码	
x		y		q		h	
i		u		i		e	110 0101
w		t		n		i	

情书 ASCII 码		喜欢回复 ASCII 码		有男朋友回复 ACSII 码		拒绝回复 ASCII 码	
a		i		g		y	
n		a		t		e	110 0101
g		n		i			
z				a			
u				n			
o							
n							
i							
d							
e	110 0101						
y							
i							
n							
g							
z							
i							

（1）根据 ASCII 编码规则，表 1-2-1 给出"e"字母的编码，即可算出 a～x 的其他编码，计算结果如下。

a 的 ASCII 码：e 的 ASCII 码-4，即：110 0101-0100=110 0001

b 的 ASCII 码：e 的 ASCII 码-3，即：110 0101-0011=110 0010

c 的 ASCII 码：e 的 ASCII 码-2，即：110 0101-0010=110 0011

d 的 ASCII 码：e 的 ASCII 码-1，即：110 0101-0001=110 0100

f 的 ASCII 码：e 的 ASCII 码+1，即：110 0101+0001=110 0110

g 的 ASCII 码：e 的 ASCII 码+2，即：110 0101+0010=110 0111

h 的 ASCII 码：e 的 ASCII 码+3，即：110 0101+0011=110 1000

i 的 ASCII 码：e 的 ASCII 码+4，即：110 0101+0100=110 1001

j 的 ASCII 码：e 的 ASCII 码+5，即：110 0101+0101=110 1010

k 的 ASCII 码：e 的 ASCII 码+6，即：110 0101+0110=110 1011

l 的 ASCII 码：e 的 ASCII 码+7，即：110 0101+0111=110 1100

m 的 ASCII 码：e 的 ASCII 码+8，即：110 0101+1000=110 1101

n 的 ASCII 码：e 的 ASCII 码+9，即：110 0101+1001=110 1110

o 的 ASCII 码：e 的 ASCII 码+10，即：110 0101+1010=110 1111

p 及以后字母的 ASCII 码计算如下：

p 的 ASCII 码：e 的 ASCII 码+11，即：110 0101+1011=111 0000

q 的 ASCII 码：p 的 ASCII 码+1，即：111 0000+0001=111 0001

r 的 ASCII 码：p 的 ASCII 码+2，即：111 0000+0010=111 0010

s 的 ASCII 码：p 的 ASCII 码+3，即：111 0000+0011=111 0011

t 的 ASCII 码：p 的 ASCII 码+4，即：111 0000+0100=111 0100

u 的 ASCII 码：p 的 ASCII 码+5，即：111 0000+0101=111 0101

v 的 ASCII 码：p 的 ASCII 码+6，即：111 0000+0110=111 0110

w 的 ASCII 码：p 的 ASCII 码+7，即：111 0000+0101=111 0111

x 的 ASCII 码：p 的 ASCII 码+8，即：111 0000+1000=111 1000

y 的 ASCII 码：p 的 ASCII 码+9，即：111 0000+10001=111 1001

z 的 ASCII 码：p 的 ASCII 码+10，即：111 0000+1010=111 1010

（2）依据计算结果可以填写表 1-2-1 所示全部空白处内容。

2．将收到的情书一"3CF5E9A70EE"转换为二进制代码的计算方式如下：

（1）3 C F 5 E 9 A 7 0 E E 对应的二进制代码计算

3 对应的二进制代码：0011

C 对应的二进制代码：1100

F 对应的二进制代码：1111

5 对应的二进制代码：0101

E 对应的二进制代码：1110

9 对应的二进制代码：1001

A 对应的二进制代码：1010

7 对应的二进制代码：0111

0 对应的二进制代码：0000

E 对应的二进制代码：1110

E 对应的二进制代码：1110

（2）所以 3 C F 5 E 9 A 7 0 E E 对应的二进制代码如下：

11 1100 1111 0101 1110 1001 1010 0111 0000 1110 1110

即：111100111101011101001101001110000111101110

3．将收到的情书一转换为 ASCII 码。

（1）将上步计算结果的二进制代码以七位分组，计算如下：

1111001 对应 ASCII 码的 y 字母

1110101 对应 ASCII 码的 u 字母

1110100 对应 ASCII 码的 t 字母

1101001 对应 ASCII 码的 i 字母

1100001 对应 ASCII 码的 a 字母

1101110 对应 ASCII 码的 n 字母

（2）计算结果 ASCII 码

1111001 1110101 1110100 1101001 1100001 1101110

4．将收到的情书一内容用 ASCII 码查询出来（用拼音表示），再根据语文知识把汉字写出来。

（1）根据上步计算，拼音为 yutian。

（2）用汉字表示即：雨天。雨天是希望阳光明媚，阳光明媚才有影子，雨天没有，所以暗示还没有男朋友（女朋友）。

四、任务扩展

根据实验中收到回复的情书二：用八进制编码回复。回复"321456476345"（暗示拒绝）完成下列实验。

实验要求

1. 将收到的情书二转换为二进制。
2. 将收到的情书二转换为 ASCII 码。
3. 将收到的情书二内容用 ASCII 码计算出来（用拼音表示），再根据语文知识把汉字写出来。

第 2 章　Windows 7 操作系统

实验 1　Windows 7 基本操作和程序管理

一、实验目标

1. 掌握 Windows 7 的基本操作。
2. 掌握 Windows 7 的程序管理。
3. 了解任务管理器的常用操作。
4. 了解注册表常识。

二、实验准备

Windows 7 系统。

三、实验内容及操作步骤

1. Windows 7 的基本操作。
2. Windows 7 的应用程序及其管理。
3. 任务管理器常用操作。
4. 注册表常识。

1. Windows 7 的基本操作
（1）Windows 7 的启动与退出
- 打开电脑电源开关，电脑进入自检，并自动引导启动 Windows 7 系统。

 如果有需要使用的外部设备，先打开它们。

- 退出 Windows 7，按下述方法操作：先关闭所有正在运行的应用程序，然后单击"开始"菜单，再单击"关机"。

 "关机"下还有"切换用户""注销""锁定""重新启动""睡眠""休眠"等子菜单选项。

（2）鼠标的操作

在桌面上双击打开"我的电脑"窗口，利用"我的电脑"窗口练习鼠标的指向、单击、双击、拖动、右击等操作，同时认识标准窗口和对话框的组成。并注意学习当前操作与鼠标形状之间的关系。

> **提示**　打开"我的电脑"的快捷键为 Win+E。

（3）Windows 7 桌面管理

● 桌面图标的查看、排序方式。在桌面空白处右击，在快捷菜单上用"查看"或"排序方式"菜单项选择需要的方式，如图 2-1-1 所示。

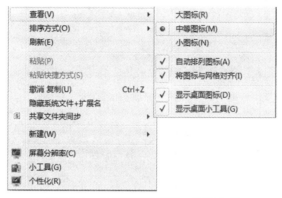

图 2-1-1　桌面图标的查看、排序方式

● 显示/隐藏系统图标：在桌面上空白处右击，单击快捷菜单里的"个性化（R）"命令，在"个性化"窗口单击左栏的"更改桌面图标"选项，打开"桌面图标设置"对话框。在此对话框可以确定显示（勾选）或隐藏（取消勾选）桌面的系统图标，然后单击"确定"命令按钮，如图 2-1-2 所示。

图 2-1-2　显示/隐藏桌面系统图标

● 删除桌面图标。右击要删除的桌面图标，在快捷菜单中单击"删除（D）"命令（或单击图标，再按 Delete 键），或将要删除的图标直接拖至回收站，在确认删除对话框中单击"是（Y）"按钮，完成删除。

> **提示**　桌面图标一般为应用程序或文件夹的快捷方式，其复制、删除等操作，参照文件的复制、删除操作；桌面快捷方式图标的创建，请参照"创建应用程序快捷方式"。

（4）任务栏和「开始」菜单设置

● 在任务栏空白处右击，在快捷菜单中将任务栏设置为非锁定状态（将"锁定任务栏"的勾选取消），拖动任务栏为两倍高度，再将任务栏设置为锁定状态。

● 在任务栏空白处右击，在快捷菜单中单击"属性（R）"命令，打开"任务栏和「开始」菜单属性"对话框，如图 2-1-3 所示。

图 2-1-3　"任务栏和「开始」菜单属性"对话框"任务栏"选项卡

● 选择"任务栏"选项卡，进行以下设置：
> ➢ 将"使用小图标""使用 Aero Peek 预览桌面"勾选；
> ➢ 将"屏幕上的任务栏位置"设置为"右侧"，"任务栏按钮"设置为"当任务栏被占满时合并"。

● 选择"「开始」菜单"选项卡，如图 2-1-4 所示，进行以下设置：
> ➢ 将"电源按钮操作"设置为"睡眠"；
> ➢ 单击"自定义"按钮，在打开的"自定义「开始」菜单"对话框中进行以下设置：
>> ✧ "计算机"设置为"显示为菜单"
>> ✧ "控制面板"设置为"显示为菜单"
>> ✧ 在"开始"菜单上启用"默认程序"和"设备和打印机"（勾选）
>> ✧ "图片"设置为"显示为链接"
>> ✧ "文件"设置为"显示为菜单"
>> ✧ "系统管理工具"设置为"在'所有程序'菜单上显示"
>> ✧ "音乐"设置为"显示为链接"
>> ✧ 在"开始"菜单上显示"运行命令"（勾选）

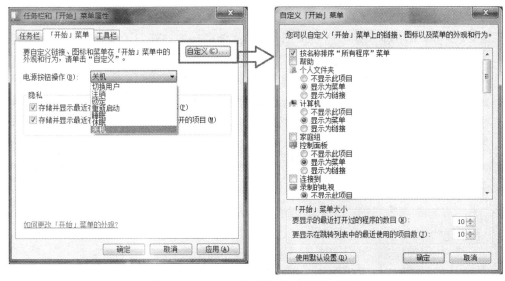

图 2-1-4　"自定义「开始」菜单"对话框

- 设置隐藏或显示通知区域的图标。选择"任务栏"选项卡，再单击"自定义"按钮，进入"通知区域图标"窗口，如图 2-1-5 所示。

图 2-1-5　通过任务栏"属性"打开"通知区域图标"设置

💡提示　通过"控制面板"中的"通知区域图标"，也可以打开"通知区域图标"窗口。

2. Windows 7 的应用程序及其管理

（1）应用程序的启动与退出

- 分别使用下列常用方法，打开应用程序（例如 Word 字处理软件）：
  - ➢ 双击桌面图标；
  - ➢ 在"开始"菜单中的"程序"中找到应用程序菜单项并单击；
  - ➢ 在"开始"菜单的列表中找到并单击；

> ➢ 单击快速启动栏中的小图标；
> ➢ 单击"开始"菜单，选择"运行"菜单项，在打开的"运行"对话框中的"打开（O）"位置输入程序名称，单击"确定"按钮；或者单击"浏览"按钮，在"浏览"对话框中找到对应程序的位置，并双击程序，或选定应用程序后单击"打开"按钮，再单击"运行"对话框上的"确定"按钮；
> ➢ 在程序安装目录中找到主程序，双击打开。

提示　　所有的双击，都可以换成单击选择后，按 Enter 键。

- 分别使用下列常用方法，退出应用程序：
  > ➢ 单击程序窗口的"关闭"按钮；
  > ➢ 双击程序窗口中标题栏最左边的"程序图标"；
  > ➢ 单击程序窗口中标题栏最左边的"程序图标"，选择"关闭"；
  > ➢ 单击程序窗口菜单栏的"文件"，在下拉菜单中选择"退出"；
  > ➢ 在当前窗口为活动窗口时，按 Alt+F4 组合键；
  > ➢ 右击任务栏中的运行程序图标，选择快捷菜单中的"关闭窗口"；
  > ➢ 按 Ctrl+Alt+Delete 或者 Ctrl+Shift+Esc 组合键调出任务管理器，在进程中或者在应用程序中结束它（请参照"任务管理器常用操作"）。

（2）创建应用程序快捷方式

一般对常用的应用程序或文件夹创建桌面快捷方式的方法相似。

- 为程序创建快捷方式，一般要先找到软件的安装目录，右击相应的应用程序，选择快捷菜单"发送到（N）"→"桌面快捷方式"菜单项，创建桌面快捷方式，如图 2-1-6 所示。

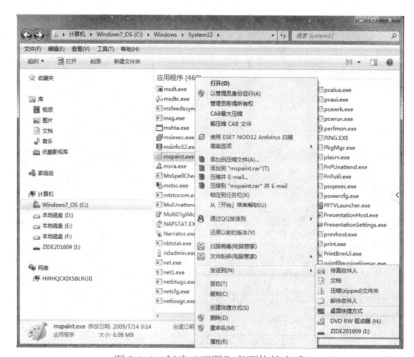

图 2-1-6　创建"画图"桌面快捷方式

- 通过“开始”菜单上现有的应用程序菜单项（一般为其快捷方式）。在要创建桌面快捷方式的菜单项上右击，在快捷菜单上通过下述方法之一，完成桌面快捷方式的创建：

  ➤ 选择“复制（C）”，然后切换到桌面，在空白处右击，在快捷菜单中选择“粘贴”（或用快捷键 Ctrl+V）；

  ➤ 选择菜单项“发送到（N）”的子菜单项“桌面快捷方式”。

（3）应用程序的安装与删除

- 安装程序。一般直接运行其安装程序，根据程序提供的信息、安装向导即可完成整个安装过程。安装过程一般包含选择安装目录、选择安装组件、完成注册等步骤。

- 卸载程序。打开控制面板，在“程序”类中选择“卸载程序”，在计算机安装的应用程序列表中，单击选中要删除的程序，然后单击“卸载”，根据提示即可完成卸载过程，如图 2-1-7 所示。

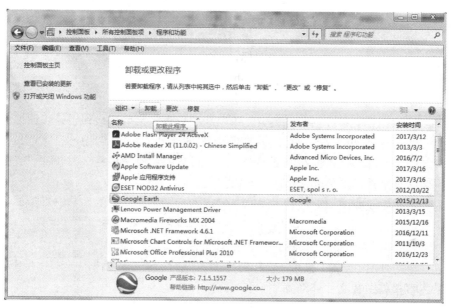

图 2-1-7　卸载应用程序

（4）“画图”使用简介

“画图”程序能处理目前常用的多种图片格式，可以绘制、编辑、打印图片，完成一些简单的比如裁剪、图片的旋转、调整大小、图像格式转换等操作，不需要专业图片处理软件，用 Windows 7 提供的“画图”程序就能轻松实现。

- 打开“画图”程序的常用方法有以下两种，打开的“画图”窗口如图 2-1-8 所示。

  ➤ 方法一：单击“开始”菜单，依次单击“所有程序”→“附件”→“画图”；

  ➤ 方法二：单击“开始”菜单，选择“运行…”（或用快捷键 Win+R），在打开的“运行”对话框中的“打开（O）：”输入框中输入“画图”程序名“mspaint”或“mspaint.exe”，单击“确定”按钮。

提示　　正常情况下，画图位于“C:\windows\system32\mspaint.exe”。另外，在右键选择文件打开方式操作中，选择“画图”，也可以打开画图软件。

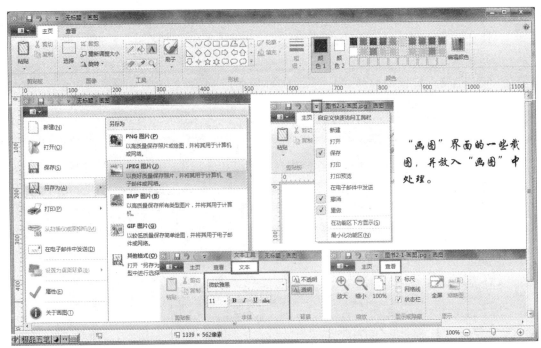

图 2-1-8　画图

- Win7"画图"菜单分别为"主页"菜单和"查看"菜单。最顶层是快速访问工具栏；"文件"菜单采用双列设计，界面各个位置的功能都有详细的文字标识；处理照片时，如需要可以在"查看"菜单中勾选"标尺"和"状态栏"，有些图片的部分需要用到标尺来进行测量可以勾选"网格线"。

- 用"画图"获取图片常用的方法有三种，然后即可对其中的图片进行编辑：
  - ➢ 用键盘上的 PrtSc、SysRq 截图抓屏键，截取屏幕图像，在"画图"中选择"粘贴"（或用快捷键 Ctrl+V），将图片复制粘贴进"画图"；
  - ➢ 单击画图"文件"菜单→"打开（O）"，在"打开"对话框中选择需要编辑的图片；
  - ➢ 直接将图片文件拖动到"画图"工作区中。

- "调整大小和扭曲"，内含重新调整大小的百分比和像素，主要用来缩小调整的图片比例，还有倾斜角度的调整。
  - ➢ 单击"主页"，在"图像"组单击"重新调整大小"，打开"调整大小和扭曲"对话框进行设置，如图 2-1-9 所示。

- "图片属性调整"是对图片原有像素进行裁剪调整，还有图片的尺寸和颜色选择。
  - ➢ 单击"文件"菜单，再单击"属性"，可以对图片的属性进行设置。

- 可以使用"画图"的"主页"选项卡下"形状"组中定义的形状为图片添加形状。除了矩形、椭圆形、三角形和箭头之外，还包括一些特殊形状，如"心形""闪电形"或"标注"等。

- Win7 画图"颜料"组中的颜色非常丰富，在编辑图像时可以用画笔添加颜色。

- 画图"工具"组中有铅笔、颜色填充、文本编辑、橡皮擦、颜色选取器、放大器等。

- 进行"文本编辑"时画图页面会有所变化，界面多了"文本"选项卡"字体"组。

- 利用"画图"还可以完成图片的旋转，刷子、各种颜色的添加或改变。

图 2-1-9　"调整大小和扭曲"对话框

- 完成图像编辑后可以将图片保存为各种不同的图片格式。
  - ➢ 如果想将图片保存为不同的格式，可以单击"文件"菜单，选择"另存为（A）"，并选择需要保存的图片类型。

（5）"计算器"使用简介

- 打开"计算器"。可从 Windows"附件"菜单中启动它，也可直接运行名为"CALC.EXE"的程序来启动它。
- Win7 的"计算器"功能十分丰富，主要有"标准型""科学型""程序员""统计信息"几种，可以从"查看"菜单中选中相应项方便地切换它们，此外还有"单位转换""日期计算"功能，以及"工作表"中的抵押、汽车租赁、油耗等功能，如图 2-1-10 所示。

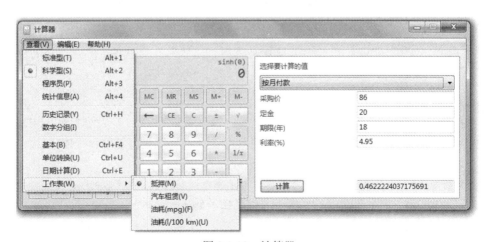

图 2-1-10　计算器

- 部分按钮的含义：
  - ➢ CE/C：CE 表示 Clear Error，是指可清除你当前的错误输入。

> ➤ C 表示 Clear，是指清除整个计算。

> ➤ MC/MR/MS/M+/M-：M 表示 Memory，是指一个中间数据缓存器，MC=Memory Clear，MR=Memory Read，MS=Memory Save，M+=Memory Add，M-=Memory Minus。

> ➤ 按钮用法示例：如计算(7-2)*(8-2)=？，可按下面步骤操作：先输入 7，按 MS 保存，输入 2，按 M-与缓存器中的 7 相减，此时缓存器中的值为 5；然后计算 8-2，得出结果为 6，输入*相乘，按 MR 读出之前保存的数 5，按=得出结果 30，算完后按 MC 清除缓存器。

- "计算器"使用实例。请按下面练习使用"计算器"。

> ➤ 阶乘。输入要计算的值，单击"n!"按钮即可，如 5n!=120。

> ➤ 指数运算。计算 x 的 y 次方。例如，计算 2 的 4 次方，先输入 2，点击"xy"按钮，再输入 4，最后点击"="即得到结果为 16。

> ➤ 输入待计算值 100，单击"log"计算以 10 为底的常用对数，结果为 2。

提示   还有其他许多丰富的计算功能，如直接提供了平方"x2"和立方"x3"运算按钮；单击"ln"可计算以 e 为底的自然对数，等。

> ➤ 三角函数，计算 sin30° 的值。在十进制、角度方式下先输入 30，然后点击"sin"按钮即得到结果值为 0.5。

提示   因为正切与余切互为倒数，如要计算余切，先算出正切，然后点击"1/x"按钮即可得到余切值。

> ➤ 计算 27/4 的模数。先输入 27，单击"Mod"按钮，再输入 4，最后点击"="按钮即可得到结果为 3。

> ➤ 将二进制数 10011111 左移 3 位。选中"二进制"，输入 10011111，单击"Lsh"按钮，再输入 11，最后点击"="按钮即可得到结果为 11111000。

> ➤ 数制转换。在十进制下输入 255，选择"二进制"单选按钮，看到转换成二进制的结果为 11111111。

提示   在把一个数由十进制转换为其他进制时，该数将被四舍五入成整数；从十六进制、八进制、二进制转换为十进制的数将以整数形式出现。

3. 任务管理器常用操作

- 打开任务管理器。可以按下列方法之一打开任务管理器，其界面如图 2-1-11 所示。

> ➤ 右击任务栏的空白处，在快捷菜单中选择"启动任务管理器（K）"菜单项。

> ➤ 按 Ctrl+Alt+Delete 或者 Ctrl+Shift+Esc 组合键。

> ➤ 执行"开始"菜单选择"运行"，打开"运行（R）…"对话框（或使用快捷键 Win+R），在"打开（O）"文本框中输入 taskmgr（或 taskmgr.exe），单击"确定"按钮。

- 用任务管理器关闭应用程序。可以采用下面两种方法之一：

> ➤ 在"应用程序"选项卡中，选择要关闭的应用程序，然后单击"结束任务（E）"按钮。

图 2-1-11　"任务管理器"界面

➢ 在"进程"选项卡中，选择要关闭的应用程序的映像名称，然后单击"结束进程（E）"按钮，如图 2-1-12 所示。

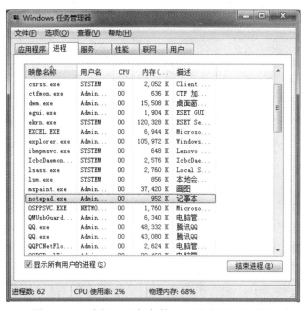

图 2-1-12　实例：用任务管理器结束"记事本"

提示　任务管理器常用来关闭停止响应的应用程序。正常退出请参照"应用程序的启动与退出"。

● 用"任务管理器"启动新任务。在"任务管理器"窗口中单击"应用程序"选项卡中的"新任务"按钮，然后在"打开"框中键入要运行的程序的位置和名称，单击"确定"按钮后启动新程序，如图 2-1-13 所示。

图 2-1-13　用任务管理器启动新任务

 用任务管理器还可以查看 CPU、内存、线程数、服务、性能、网络等信息。

4. 注册表常识

（1）关于注册表

- 注册表是 Microsoft Windows 中操作系统、硬件设备以及客户应用程序得以正常运行和保存设置的核心"数据库"，是一个巨大的树状分层的数据库。它记录了用户安装在机器上的软件和每个程序的相互关联关系，包含了计算机的硬件配置，包括自动配置的即插即用的设备和已有的各种设备的说明、状态属性以及各种状态信息和数据等。

- 通过 Windows 目录下的 regedit.exe 程序可以存取注册表数据库。

（2）注册表常用术语

- HKEY："根键"或"主键"，它的图标与资源管理器中文件夹的图标有点儿相像。Windows 称之为 HKEY_name，意味着某一键的句柄。

- key（键）：它包含了附加的文件夹和一个或多个值。

- subkey（子键）：在某一个键（父键）下面出现的键（子键）。

- branch（分支）：代表一个特定的子键及其所包含的一切。一个分支可以从每个注册表的顶端开始，但通常用以说明一个键及其所有内容。

- value entry（值项）：带有一个名称和一个值的有序值。每个键都可包含任何数量的值项。每个值项均由三部分组成：名称、数据类型、数据。

- 字符串（REG_SZ）：顾名思义，一串 ASCII 码字符。如"Hello World"，是一串文字或词组。在注册表中，字符串值一般用来表示文件的描述、硬件的标识等。通常它由字母和数字组成。注册表总是在引号内显示字符串。

- 二进制（REG_BINARY）：如 F03D990000BC，是没有长度限制的二进制数值。在注册表编辑器中，二进制数据以十六进制的方式显示出来。

- 双字（REG_DWORD）：从字面上理解应该是 Double Word，即双字节值。由 1~8 个十六进制数据组成，我们可以用十六进制或十进制的方式来编辑，如 D1234567。

- Default（缺省值）：每个键至少包括一个值项，称为缺省值（Default），它总是一个字符串。

（3）注册表控制用户模式的例子：

- 控制面板功能
- 桌面外观和图标
- 网络参数
- 浏览器功能性和特征

（4）注册表中基于计算机控制条目的例子：

- 存取控制
- 登录确认
- 文件和打印机共享
- 网卡设置和协议
- 系统性能和虚拟内存设置

（5）打开注册表。

- 单击"开始"→"运行…"菜单项（或者用快捷键 Win+R）打开"运行"对话框，在"打开"文本框中输入"regedit"，点击"确定"，即可打开注册表编辑器，如图 2-1-14 所示。

图 2-1-14　用"运行"打开注册表

（6）注册表实例练习

- 去掉桌面快捷方式的箭头：打开注册表，展开 HKEY_CLASSES_ROOT\lnkfile 分支。在 lnkfile 子键下面找到一个名为"IsShortcut"的键值，它表示在桌面的.LNK 快捷方式图标上将出现一个小箭头。右击"IsShortcut"，从弹出的快捷菜单中选择"删除"，将该键值删除。虽然快捷方式以.LNK 居多，但也有一些是.PIF（指向 MS-DOS 程序的快捷方式），所以也将"HKEY_CLASSES_ROOT\piffile"分支上的"IsShortcut"删除，步骤如前，如图 2-1-15 所示。

- 禁止别人修改我的 IE 首页地址：打开注册表,展开 HKEY_CURRENT_USER\Software\Policies\Microsoft\Internet Explorer\Control Panel，其实一般此键是不存在的，只存在 HKEY_CURRENT_USER\Software\Policies\Microsoft，所以后面部分您要自己建立。主键建立完后在 Control Panel 键下新建一个 DWORD 值数据，键名为 HOMEPAGE（不分大小写），键值为 1。此时打开 IE 属性会发现修改首页设置的部分已经不可用了。当然，如果想先指定主页的话，可以把 HOMEPAGE 的值改为 0 或删除它，然后修改主页设置，再把 HOMEPAGE 改回来。

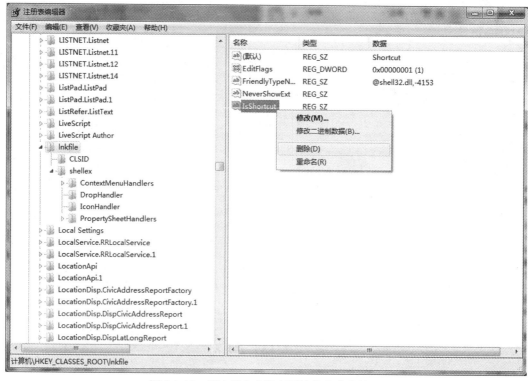

图 2-1-15　用注册表去掉桌面快捷方式的箭头

● 让系统智能关闭无效程序：在操作计算机系统的过程中，常常会遇到一些应用程序失去响应，这些无效的应用程序不但耗用了大量的系统资源，还严重影响了系统的正常运行，甚至造成系统发生死机现象。我们不妨按照下面的操作步骤，来让系统智能地将无响应的应用程序及时关闭掉：打开系统的注册表，逐层展开其中的注册表分支 HKEY_CURRENT_USER\Control Panel\Desktop，在对应"Desktop"分支右边的窗口区域中，双击其中的"AutoEndTasks"字符串值，在其后出现的数值设置窗口中，将原先的数字"0"修改为"1"，最后单击"确定"按钮，并将计算机系统重新启动一下，这样以后一遇到有应用程序无响应时，系统将会智能地将无效程序关闭掉。

 　　由于注册表十分庞大，找到一项比较费时费力，可以使用窗口菜单栏"编辑"的"查找"功能实现快速查找。

实验 2　文件和文件夹管理

一、实验目标

1. 掌握 Windows 7 的文件夹管理
2. 掌握 Windows 7 的文件管理

二、实验准备

Windows 7 系统

三、实验内容及操作步骤

1. 文件和文件夹的显示方式
2. 文件/文件夹的创建
3. 选择文件、文件夹
4. 文件/文件夹重命名
5. 文件/文件夹的复制、移动、删除
6. 文件夹选项
7. 文件和文件夹的搜索

1. 文件和文件夹的显示方式

可以采用多种方法显示文件和文件夹，如利用窗口菜单栏"查看"菜单或工具栏上的"更改视图"按钮进行选择，如图 2-2-1 所示。

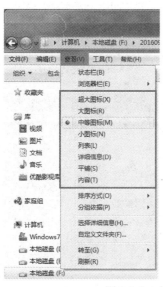

图 2-2-1　文件和文件夹的显示方式

2. 文件/文件夹的创建

在"我的电脑"窗口工作区空白处右击，在快捷菜单中选择"新建"，在其子菜单中选择"文件夹（F）"或所需的文件类型。例如，在"…\2016 春季学期教师授课资料\一级 C 考试题库"下建立文件和文件夹，如图 2-2-2 所示。

图 2-2-2　建立文件和文件夹

💡提示　选择"我的电脑"窗口菜单栏"文件"/"新建"菜单项，也可实现同样操作。

3. 选择文件、文件夹

根据需要，可以通过多种方式选择当前文件夹下的一个、多个或全部文件及文件夹，选择文件后，方可对其进行复制、移动、删除等操作。练习用下列方法选择文件。

（1）打开"我的电脑"，定位到"…\2016 春季学期教师授课资料\一级 C 考试题库\一级 C 实作考试题库"。

（2）选定一个文件：鼠标左键单击文件图标。

（3）选定多个不连续文件：按住 Ctrl 键逐个单击要选择的文件，如图 2-2-3 所示。

图 2-2-3　用 Ctrl 键选择不连续文件实例

（4）选定多个连续文件：首先单击第一个文件（不按 Shift 键），再按住 Shift 键，单击最后一个文件。

（5）选定全部文件：Ctrl+A 组合键，或用窗口"编辑"菜单，单击其"全选（A）"菜单项。

（6）取消一个或多个已选定的文件：按住 Ctrl 键逐个单击已选定的文件。

（7）全部取消已选定的文件：任意空白处单击。

（8）反选：用窗口菜单栏"编辑（E）"/"反向选择（I）"菜单项可以选择当前选定文件以外的文件/文件夹（当前选定的文件/文件夹变为未选定状态）。

4．文件/文件夹重命名

（1）右击文件或文件夹，在快捷菜单中选择"重命名（M）"菜单项，输入新名称，按 Enter 键或在其他地方单击，即完成重命名。

（2）用窗口菜单栏"文件（F）"/"重命名（M）"菜单项。

（3）选择文件/文件夹，按 F2 键。

> 提示　对文件重命名时，不要更改或删除其扩展名。如果文件没有显示扩展名，请参照"文件夹选项"的内容。

5．文件/文件夹的复制、移动、删除

要对文件和文件进行复制、移动或删除，先选择需要操作的文件、文件夹，然后按下述方法操作：

（1）用快捷菜单进行复制、移动。鼠标指向任一选定的文件或文件夹，在右键快捷菜单中选择"复制（C）"或"剪切（T）"菜单项，然后定位到目标文件夹，在工作区空白处右击，在右键快捷菜单中选择"粘贴（P）"菜单项，完成操作，如图 2-2-4 所示。

图 2-2-4　用快捷菜单选择复制或剪切

提示   用窗口"编辑（E）"菜单中的菜单命令，也可实现相同操作。

（2）用快捷键复制、移动。按快捷键 Ctrl+C（复制）或 Ctrl+X（移动），然后定位到目标文件夹，按快捷键 Ctrl+V（粘贴），完成操作。

（3）用鼠标拖动复制、移动。先选定待操作的若干文件及文件夹，再用鼠标指向任一选定的文件或文件夹，拖动到目标文件夹即可。请遵照下面方法完成操作：

- 同一磁盘：直接拖动是移动，"Ctrl 键+拖动"是复制。
- 不同磁盘：直接拖动是复制，"Shift 键+拖动"是移动。

（4）删除文件/文件夹：选定文件后，右击从快捷菜单选择"删除（D）"，或直接用 Delete 键删除。在"删除文件"对话框中单击"是（Y）"，完成操作，如图 2-2-5 所示。

图 2-2-5   "删除文件"对话框

提示   删除文件时，默认将文件放入回收站，误删除时还可以从回收站还原。若要将文件彻底删除而不放入回收站，选择要删除的文件、文件夹后，按 Shift+Delete 组合键。

6. 文件夹选项

（1）打开"我的电脑"，单击窗口"工具（T）"菜单，在其子菜单中选择"文件夹选项（O）…"菜单项，打开"文件夹选项"对话框。

（2）在"文件夹选项"对话框中单击"常规"选项卡，进行以下设置，如图 2-2-6 所示。

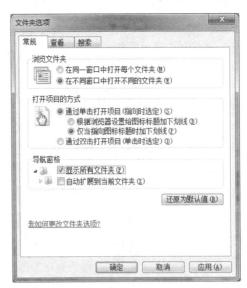

图 2-2-6   文件夹选项"常规"选项卡

- 浏览文件夹的方式设置为"在不同窗口中打开不同的文件夹"。
- 打开项目的方式设置为"通过单击打开项目（指向时选定）（S）"/"仅当指向图标标题时加下划线（P）"。
- 导航窗格的显示方式设置为"显示所有文件夹（F）"。

（3）在"文件夹选项"对话框中单击"查看"选项卡，进行以下设置，如图 2-2-7 所示。

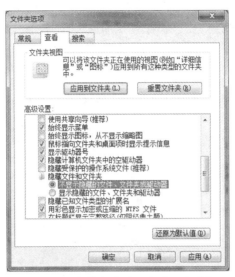

图 2-2-7　文件夹选项"查看"选项卡

- 将"始终显示菜单"设置为"始终显示"。（勾选）
- 将"隐藏已知文件类型的扩展名"设置为"显示"。（取消勾选）
- 将"隐藏文件和文件夹"设置为"不显示隐藏的文件、文件夹或驱动器"。（勾选）
- 在我的电脑上显示控制面板。（勾选）

（4）单击"搜索"选项卡，勾选"使用自然语言搜索"复选框。此外，在"搜索"选项卡中，还可以设置"搜索内容""搜索方式"和"在搜索没有索引的位置时"的操作，如图 2-2-8 所示。

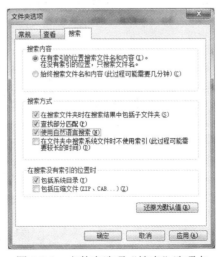

图 2-2-8　文件夹选项"搜索"选项卡

7．文件和文件夹的搜索

要搜索文件或文件夹，可按下述方法执行：

（1）选择搜索文件夹范围，如"F:\2016 春季学期教师授课资料\一级 C 考试题库"。

（2）在"搜索"文本框中输入文件或文件夹信息，如"*.doc"，系统即自动完成搜索，将符合要求的文件或文件夹显示在"我的电脑"工作区，如图 2-2-9 所示。

图 2-2-9　"搜索"文件和文件夹

实验 3　计算机管理与控制面板

一、实验目标

1．掌握 Windows 7 外观与个性化显示设置
2．了解系统属性、虚拟内存设置方法
3．了解设备管理器
4．了解 Windows 7 磁盘管理

二、实验准备

Windows 7 系统

三、实验内容及操作步骤

实验内容

1. 控制面板及其界面
2. Windows 7 外观与个性化显示设置
3. 系统与安全
4. 设备管理器
5. Windows 7 磁盘管理

操作步骤

1. 控制面板及其界面

控制面板（control panel）是 Windows 图形用户界面一部分，可通过"开始"菜单访问。它允许用户查看并操作基本的系统设置，比如添加/删除软件，控制用户账户，更改辅助功能选项。可以通过下述方法打开控制面板，其界面如图 2-3-1 所示。

图 2-3-1　控制面板及其界面

（1）单击"开始"菜单→"控制面板"。

（2）控制面板的可执行程序文件是 control.exe，位于 Windows 系统文件夹下的"…/system32/control.exe"，打开方式参照"应用程序的启动与退出"。

> **提示**　　点击"控制面板"窗口地址栏中"控制面板"右侧的小箭头，可以确定控制面板的显示内容。

2. Windows 7 外观与个性化显示设置

（1）桌面主题/背景设置

● 打开"控制面板"，选择"外观与个性化"组中的"个性化"打开"个性化"窗口。

💡提示　　在桌面上空白处右击，选择快捷菜单里的"个性化"命令，也可以打开"个性化"窗口。

- 桌面主题设置。在"个性化"窗口系统预设了 7 套 Aero 主题，从中选择一套主题。
- 桌面背景设置。在"个性化"窗口上单击"桌面背景"按钮，可以选择喜欢的背景图片，或用"全选"按钮选择全部图片，并进行"更改图片时间间隔（N）"等设置，如图 2-3-2 所示。

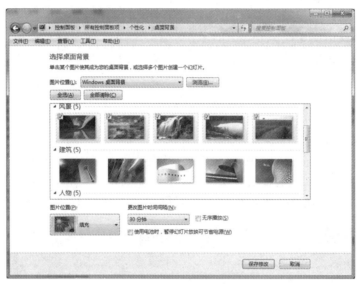

图 2-3-2　桌面背景设置

（2）窗口颜色和外观设置

在"个性化"窗口上单击"窗口颜色"按钮，在"窗口颜色和外观"窗口上，将"更改窗口边框、「开始」菜单和任务栏的颜色"设置为"叶"，勾选"启用透明效果（N）"复选框，如图 2-3-3 所示。

图 2-3-3　窗口颜色和外观设置示例

（3）声音效果设置

在"个性化"窗口上单击"声音"按钮，在"声音"对话框的"声音"选项卡上，将"声音方案（H）"设置为"奏鸣曲"，勾选"播放 Windows 启动声音"复选框，如图 2-3-4 所示。

图 2-3-4　声音效果设置示例

（4）屏幕保护程序设置

在"个性化"窗口上单击"屏幕保护程序"按钮，在"屏幕保护程序设置"对话框上，将"屏幕保护程序（S）"设置为"Ma3"，将"等待（W）"设置为 20 分钟，如图 2-3-5 所示。

图 2-3-5　屏幕保护程序设置

3. 系统与安全

（1）系统属性、虚拟内存设置方法

● 打开"控制面板"，依次单击"系统和安全"→"系统"→"高级系统设置"，打开"系统属性"对话框，如图 2-3-6 所示。

图 2-3-6　"系统属性"对话框

　　在桌面右击"我的电脑"，在快捷菜单中选择"属性"，也可以打开"系统属性"对话框。

● 设置视觉效果。执行下述步骤：

➢ 在"系统属性"对话框上，单击"性能"组"设置"按钮打开"性能选项"对话框；

➢ 在"性能选项"对话框中选择"视觉效果"选项卡，将 Windows 外观和性能设置为"调整为最佳性能"，如图 2-3-7 所示。

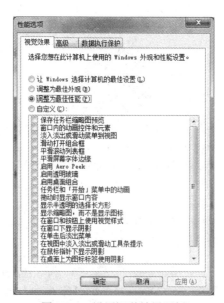

图 2-3-7　设置视觉效果示例

- 设置系统"虚拟内存"。执行下述步骤：
  - ➢ 单击"性能选项"对话框的"高级"选项卡，单击"虚拟内存"组上"更改"按钮，打开"虚拟内存"对话框；
  - ➢ 在"虚拟内存"对话框中，选择在 D 盘设置虚拟内存为"自定义大小（C）"，初始大小（MB）为 2048MB，最大值（MB）为 4096MB，然后依次单击"设置（S）"→"确定"按钮，即可完成设置（需要重新启动系统才能生效），如图 2-3-8 所示。

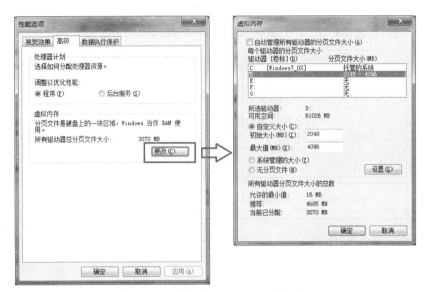

图 2-3-8　系统"虚拟内存"设置示例

（2）电源选项

打开"控制面板"，依次单击"系统和安全"→"电源选项"，打开"电源选项"窗口。选择"创建电源计划"，按向导建立一个电源计划"我的自定义计划 1"，如图 2-3-9 所示。

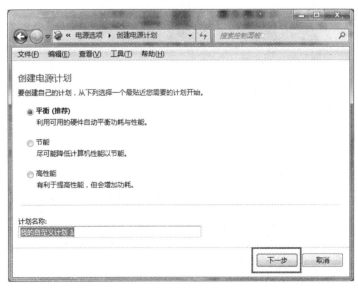

图 2-3-9　创建电源计划

（3）系统自动更新

打开"控制面板"，依次单击"系统和安全"→"Windows Update"→"更改设置"，在打开的"更改设置"窗口中，将"重要更新（I）"设置为"自动安装更新（推荐）"，如图 2-3-10 所示。

图 2-3-10　选择 Windows 安装更新的方法

4. 设备管理器

● 打开"控制面板"，依次单击"硬件和声音"→"设备管理器"，打开"设备管理器"窗口，如图 2-3-11 所示。

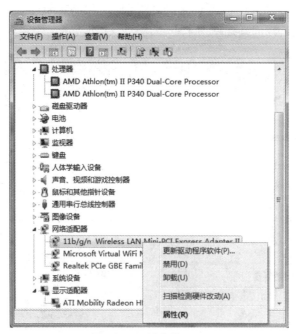

图 2-3-11　设备管理器

提示　也可以通过"开始"菜单→"运行…"→"devmgmt.msc"程序来打开；或者右击桌面的"计算机"图标，选择"管理"或"属性"，都能从不同入口找到设备管理器。

● 利用设备管理器查看处理器、网络适配器、显示适配器的信息。
● 右击网络适配器，在快捷菜单上选择"属性（R）"菜单项，在打开的网络适配器属性对话框中单击"电源管理"选项卡，勾选"允许计算机关闭此设备以节约电源（A）"复选框，如图 2-3-12 所示。

图 2-3-12　网络适配器属性对话框

提示　设备管理器是一种管理工具，可用它来管理计算机上的设备，如使用"设备管理器"查看和更改设备属性、更新设备驱动程序、配置设备设置和卸载设备。设备管理器提供计算机上所安装硬件的图形视图。

5. Windows 7 磁盘管理

（1）磁盘管理

● 利用磁盘管理，可以在未分配的磁盘空间上建立新的磁盘分区，将已存在的分区删除以回收磁盘空间或进行更改驱动器号等操作。
● 打开磁盘管理较方便的方法是：右击桌面"我的电脑"，在快捷菜单中单击"管理（G）"，打开"计算机管理"窗口，在窗口左侧窗格选择"磁盘管理"，如图 2-1-13 所示。

（2）磁盘格式化

格式化过程最主要的功能之一是在分区上建立文件系统，以便 Windows 在磁盘上存取信息。在磁盘管理中新创建的分区，必须先格式化后才能使用。

● 对分区进行格式化较方便的方法是在"我的电脑"中，右击要格式化的分区，再单击"格式化（A）…"菜单项，打开"格式化"对话框，设置好"卷标"等相关信息后，单击"开始（S）"按钮，开始格式化过程，如图 2-3-14 所示。

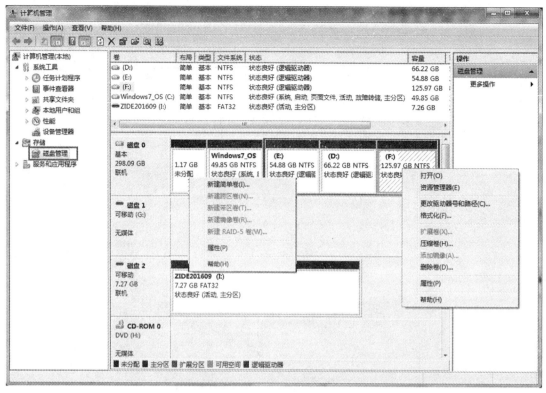

图 2-3-13　磁盘管理

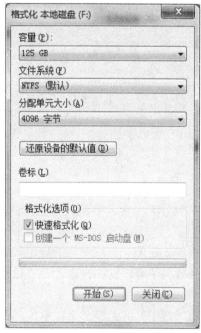

图 2-3-14　"格式化"对话框

提示　　可以选择快速格式化或普通格式化。快速格式化只是删除所在硬盘的文件，并不对磁盘扇区重写；而普通格式化对磁盘扇区重写。

（3）磁盘清理和磁盘碎片整理

- 在"我的电脑"中右击需要操作的磁盘分区（如 C 盘），打开该分区的"属性"对话框。
  - ➤ 单击"常规"选项卡，冉单击"磁盘清理"按钮，以清除磁盘上的垃圾文件，如图 2-3-15 所示。

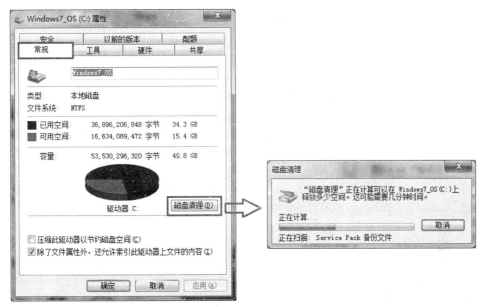

图 2-3-15　磁盘清理

  - ➤ 单击"工具"选项卡，单击"立即进行碎片整理（D）…"按钮，打开"磁盘碎片整理程序"窗口。在该窗口上选择需要整理的分区，再单击"磁盘碎片整理（D）"按钮，开始进行整理，如图 2-3-16 所示。

图 2-3-16　磁盘碎片整理

➢ 制定计划，让系统自动完成磁盘碎片整理。在"磁盘碎片整理程序"窗口上单击"配置计划（S）…"按钮，打开"磁盘碎片整理程序：修改计划"对话框，进行设置，如图 2-3-17 所示。

图 2-3-17 设置磁盘碎片整理计划

第3章　文字处理软件 Word 2010

实验 1　Word 2010 基本操作

一、实验目标

1. 掌握 Word 2010 的启动和退出，熟悉 Word 2010 的工作环境。
2. 掌握文档的建立、保存及打开。
3. 掌握文档的编辑，文字的查找替换。
4. 掌握文档的字符排版、段落排版及页面排版。

二、实验准备

1. 中文 Windows 7 操作系统。
2. 中文 Word 2010 应用软件。

三、实验内容及操作步骤

1. Word 2010 的启动。
2. Word 2010 的退出。
3. 创建文档。
4. 文档编辑。
5. 查找与替换。
6. 字符格式设置。
7. 段落设置。
8. 首字下沉和分栏设置。
9. 边框和底纹设置。
10. 项目符号设置。
11. 设置页眉页脚。
12. 页面设置。

1. Word 2010 的启动
方法一：双击 Word 2010 快捷图标。
方法二：单击"开始"/"所有程序"/"Microsoft Office"/"Microsoft Office Word 2010"命令。

方法三：双击已有的 Word 文档。

2．Word 2010 的退出

方法一：单击 Word 2010 窗口标题栏右侧的"关闭"按钮。

方法二：单击"文件"按钮/"退出"命令。

方法三：按 Alt+F4 组合键。

方法四：单击 Word 2010 窗口左上角的控制图标，执行"关闭"命令。

3．创建文档

任务：创建一个空白文档，输入"参考样文"的文档内容，以"W1.docx"为文件名保存在 D 盘名为"Word 实训"的文件夹中。

操作步骤如下：

（1）在 D 盘上新建一个名为"Word 实训"的文件夹。

（2）启动 Word 2010，单击"文件"/"新建"命令，在"新建文档"窗口中选择"空白文档"，单击"创建"按钮，在屏幕空白处输入"参考样文"的内容。

（3）单击"文件"/"保存"命令，在"另存为"对话框中的"保存位置"下拉列表框中选择 D 盘"Word 实训"文件夹，在"文件名"文本框中输入"W1.docx"文件名，单击"保存"按钮。

（4）单击"文件"/"关闭"命令。

参考样文：

　　计算机语言和计算机程序想让计算机按人们的意志进行工作，就必须使计算机能理解和执行人们给它的指令。如同人与人交流要通过语言一样，人和计算机之间的通信也要通过特定的语言，这就是计算机语言。计算机程序设计语言主要分为机器语言、汇编语言和高级语言 3 代语言。

　　计算机能直接识别和执行的二进制形式的指令称为机器指令。某种计算机的指令集合即为该计算机的机器语言，采用某种计算机的机器语言编写的一组机器指令，称为机器语言程序。就本质而言，计算机只能识别 0 和 1 这样的二进制信息。每一类型的计算机都分别规定了由若干个二进位信息组成一个指令。例如某 8 位字长的计算机以 10000000 表示"加"操作，以 01110000 表示"赋值传送"操作。

　　为解决某一问题，机器语言程序能够被计算机直接识别和执行，效率比较高。但用机器语言编写程序全是些 0 和 1 的指令代码，直观性差，容易出错。

　　人们就用与代码指令实际含义相近的英文缩写词、字母和数字等符号来取代指令代码。如用 ADD 表示"加"，用 SUB 表示"减"等。ADD、SUB 等称为"助记符"。这种以"助记符"代替二进制指令的语言称为汇编语言（又称符号语言）。

　　汇编语言用符号代替了机器指令代码，而且助记符与指令代码一一对应，基本保留了机器语言的特点，因此它仍然是面向机器的语言。用汇编语言编写的程序称为汇编语言源程序。

　　机器语言和汇编语言是面向机器的，可移植性差，并且难学和不易推广，人们习惯上将它们称为低级语言。随着计算机事业的发展，促使人们去寻求一些与人类自然语言相接近且能为计算机所接受的语意确定、规则明确、自然直观和通用易学的计算机语言。这种与自然语言相近并为计算机所接受和执行的计算机语言称高级语言。

早期出现的高级语言：

FORTRAN（Formula Translator）

COBOL（Common Business Oriented Language）

ALGOL（Algorithmic Language）

BASIC（Beginner's All-Purpose Symbolic Instruction Code）

随着程序规模与复杂性的不断增大，人们也不断探索新的程序设计方法。目前，程序设计语言及编程环境正向面向对象语言及可视化编程环境方向发展，出现了许多第 4 代语言及其开发工具。如微软公司（Microsoft）开发的 Visual 系列（VC++、VB、FoxPro）编程工具及 Power Builder 等，目前已经在国内外得到了广泛的应用。

4. 文档编辑

任务一：打开 D:\Word 实训\W1.docx 文件，删除第三段（为解决某……），将第二段中的"就本质而言……"另起一段，将新的第二段和第三段交换位置。

操作步骤如下：

（1）单击"文件"/"打开"命令，在"打开"对话框中找到 D 盘"Word 实训"文件夹中的"W1.docx"文件，单击"打开"按钮。

（2）选中第三段，按下 Delete 键。

（3）将光标置于第二段中的"就本质而言……"前按下 Enter 键。

（4）选中第三段（"就本质而言……"）的全部内容，包括段落标记（回车符号），按下鼠标左键不放，将该段拖到第二段之前，放开鼠标即可。

任务二：在第一段、第二段、第四段、第六段前分别插入新的段落，并分别输入"计算机语言概述""**1.**机器语言""**2.**汇编语言""**3.**高级语言"。

操作步骤如下：

（1）将光标置于第一段之前起始位置，按下 Enter 键。

（2）在插入的空段落中输入"计算机语言概述"文字。

（3）继续用上述方法，分别在第二段、第四段、第六段前插入新的段落，并分别输入"**1.**机器语言""**2.**汇编语言""**3.**高级语言"。

5. 查找与替换

任务：将文档中的所有英文字母替换为西文字体"Arial Black"，字下加着重号。将文档中的第三段（计算机……）中的"计算机"替换为"电子计算机"，并设置为"隶书"、字下加双下划线、字符间距加宽 1 磅。

操作步骤如下：

（1）将光标置于文档中的任意位置，单击"开始"选项卡/"编辑"组/"替换"按钮，在打开的如图 3-1-1 所示的"查找和替换"对话框中，将光标置于"查找内容"文本框中，单击"特殊格式"按钮/"任意字母"选项。

（2）将光标置于"替换为"文本框中，单击"格式"按钮/"字体"命令，在打开的"替换字体"对话框中，选中西文字体为"Arial Black"，选中"着重号"，单击"确定"按钮。再单击"全部替换"/"确定"/"关闭"按钮。

图 3-1-1　"查找和替换"对话框（1）

（3）选中第三段（计算机……），单击"开始"选项卡/"编辑"组/"替换"按钮，在打开的如图 3-1-2 所示的"查找和替换"对话框中，将光标置于"查找内容"文本框中输入"计算机"。

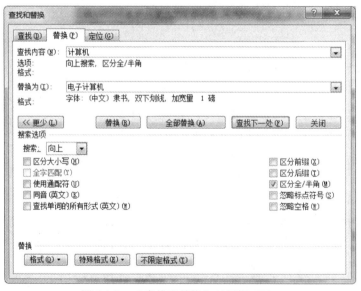

图 3-1-2　"查找和替换"对话框（2）

（4）将光标置于"替换为"文本框中，单击"不限定格式"按钮（取消前面的格式），输入"电子计算机"，单击"格式"按钮/"字体"命令，在打开的"替换字体"对话框中，设置中文字体为"隶书"、字下加双下划线、字符间距加宽 1 磅，单击"确定"按钮。在"搜索选项"/"搜索"下拉列表中选中"向上"或"向下"，单击"全部替换"/"否"/"关闭"按钮。

6. 字符格式设置

任务一：将标题"计算机语言概述"设置为黑体、三号、加粗、放大 150%、字符间距加宽 4 磅。将标题"**1.**机器语言""**2.**汇编语言""**3.**高级语言"分别设置为新宋体、加粗、四号、文本效果为渐变填充－蓝色强调文字颜色1。

操作步骤如下：

（1）选中标题文字"计算机语言概述"，单击"开始"选项卡，在"字体"组中单击组按钮，在打开的"字体"对话框中进行如图 3-1-3 所示的字符格式设置。

图 3-1-3　"字体"对话框（1）

（2）单击"高级"选项卡，进行如图 3-1-4 所示的字符格式设置。

图 3-1-4　"字体"对话框（2）

（3）先选中"**1.**机器语言"文字，按下 Ctrl 键不放，再分别选中"**2.**汇编语言"和"**3.**高级语言"文字，然后放开 Ctrl 键。

（4）单击"开始"选项卡，在"字体"组中设置字体为"新宋体"，字号为"四号"，单击"加粗"按钮，在"文本效果"下拉列表中选择"渐变填充－蓝色强调文字颜色1"样式。

任务二：将文档第一段中的"机器语言"文字设置为增大字体、红色、字符底纹及双下划线的效果；将"汇编语言"文字设置字符边框并加注拼音；将"高级语言"文字设置为带圈字符。

操作步骤如下：

（1）选中"机器语言"文字，在"字体"组中单击"增大字体"按钮，在"字体颜色"下拉列表选中"红色"，单击"字符底纹"按钮，在"下划线"下拉列表选中"双下划线"。

（2）选中"汇编语言"文字，在"字体"组中单击"字符边框"按钮，单击"拼音指南"按钮，在打开的"拼音指南"对话框中设置字号为"8磅"，单击"确定"按钮。

（3）分别选中"高级语言"的四个字，单击"带圈字符"按钮，在打开的"带圈字符"对话框中，选择所需的"圈号"和"样式"，单击"确定"按钮。

7．段落设置

任务：将标题"计算机语言概述"设置为居中、橙色底纹。将文档的所有正文部分首行缩进2个字符。设置第六段正文（机器语言……）行间距为"单倍行距"、段前段后均为6磅。

操作步骤如下：

（1）选中"计算机语言概述"段落，单击"开始"选项卡，在"段落"组中单击"居中"按钮，在"底纹"下拉列表选中"橙色"。

（2）先选中第一段正文，按下 Ctrl 键不放，再分别选中其余正文段落，然后放开 Ctrl 键。接着在文档的水平标尺滑块中选中"首行缩进"滑块拖动到2个字符处即可。

（3）选中第六段正文（机器语言……），单击"开始"选项卡，在"段落"组中单击 组按钮打开"段落"对话框，在"行距"下拉列表中选中"单倍行距"，在"段前"和"段后"文本框中分别输入"6磅"，单击"确定"按钮。

8．首字下沉和分栏设置

任务：将正文最后一段设置首字下沉2行，距正文0.2厘米，并设置为两栏等宽显示。

操作步骤如下：

（1）将光标置于正文最后一段，单击"插入"选项卡中"文本"组的"首字下沉"按钮，在下拉列表中选中"首字下沉选项"命令，打开"首字下沉"对话框。

（2）在"位置"中选择"下沉"，在"下沉行数"中输入"2"，在"距正文"中输入"0.2厘米"，单击"确定"按钮。

（3）选中正文最后一段，单击"页面布局"选项卡，在"页面设置"组中单击"分栏"按钮 分栏 ，在下拉列表中单击"更多分栏"命令，打开"分栏"对话框。

（4）在"栏数"中选择"2"，在"栏宽相等"复选框前打"√"，单击"确定"按钮。

9．边框和底纹设置

任务：将正文第五段的段落设置为蓝色阴影，3磅边框，20%红色底纹。将整篇文档设置为艺术型"红苹果"。

操作步骤如下：

（1）选中正文第五段，单击"页面布局"选项卡，在"页面背景"组中单击"页面边框"

按钮，打开"边框和底纹"对话框。

（2）单击"边框"选项卡，在"设置"中选择"阴影"，在"颜色"中选择"蓝色"，在"宽度"中选择"3 磅"，在"应用于"选中"段落"。

（3）单击"底纹"选项卡，在"图案"的"样式"中选中"20%"，在"颜色"中选择"红色"，在"应用于"选中"段落"。

（4）单击"页面边框"选项卡，在"艺术型"中选择"红苹果"，在"应用于"选中"整篇文档"，单击"确定"按钮。

10. 项目符号设置

任务：为文档的倒数第二段到倒数第五段设置项目符号"✒"。

操作步骤如下：

（1）选中正文的倒数第二段到倒数第五段，单击"开始"选项卡，在"段落"组中单击"项目符号☰ ▾"右侧的下拉列表按钮，在打开的下拉列表中单击"定义新项目符号…"命令。

（2）在打开的"定义新项目符号"对话框中，单击"符号（s）…"按钮，在"符号"对话框中选中"Wingdings"字符集，找到"✒"并选中，单击"确定"/"确定"按钮。

11. 设置页眉页脚

任务：设置页眉为"计算机语言概述"，黑体、三号、左对齐；页脚为"页码"格式，四号、右对齐。

操作步骤如下：

（1）单击"插入"选项卡，在"页眉和页脚"组中单击"页眉"▤，在打开的下拉列表中选中"编辑页面"，Word 切换到页眉编辑状态并打开"页眉页脚工具/设计"选项卡。

（2）在页眉编辑区输入"计算机语言概述"，接着选中"计算机语言概述"，单击"开始"选项卡，设置为黑体、三号、左对齐。

（3）单击"页眉页脚工具/设计"选项卡，在"导航"组中单击"转至页脚"按钮，Word 切换到页脚编辑区。

（4）单击"插入"选项卡"页眉和页脚"组的"页码"按钮，选择列表中"页面底端"/"普通数字 1"插入页码；接着选中页码，单击"开始"选项卡，设置为四号、右对齐。

（5）单击"页眉页脚工具/设计"选项卡中的"关闭页眉和页脚"按钮，设置完成。

12. 页面设置

任务：设置文档左右边距为 2.5 厘米，上下边距为 2 厘米，方向为纵向，纸张为 A4，文档每行为 40 个字符，跨度 10 磅，每页 45 行，跨度为 15 磅，完成设置后进行打印预览，观看效果。设置打印份数为 5 份，进行打印，打印完成后将文档以"W1-1.docx"为名保存在 D 盘的"Word 实训"文件夹中。

操作步骤如下：

（1）单击"页面布局"选项卡，在"页面设置"组中单击▣组按钮，在打开的"页面设置"对话框中单击"页边距"选项卡，在"页边距"选项中设置左右边距为 2.5 厘米，上下边距为 2 厘米，在"纸张方向"选项中选中"纵向"。

（2）单击"纸张"选项卡，在"纸张大小"选项中选中"A4"。

（3）单击"文档网格"选项卡，在"网格"选项组选中"指定行和字符网格"单选按钮，在"字符数"选项组"每行"文本框中输入"40"，"跨度"文本框中输入"10"，在"行数"选项组"每页"文本框中输入"45"，"跨度"文本框中输入"15"，单击"确定"按钮。

（4）单击"文件"/"打印"命令，进入打印和预览状态，在窗口右侧查看文档效果，如不满意，单击"开始"选项卡，再返回编辑状态继续修改。

（5）准备好打印机，单击"文件"/"打印"命令，在"打印"窗口的"份数"文本框中输入"5"，单击"打印"按钮进行打印。

（6）单击"文件"/"另存为"命令，出现"另存为"对话框，在"保存位置"下拉列表中选中 D 盘"Word 实训"文件夹，在"文件名"文本框中输入文件名"W1-1.docx"，单击"保存"按钮。如图 3-1-5 所示为"W1-1.docx"的样张。

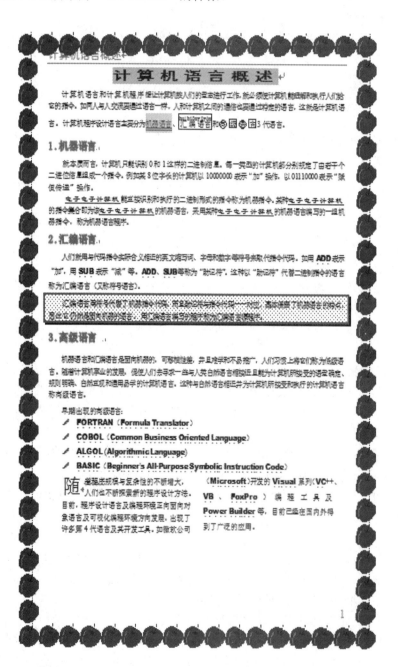

图 3-1-5　"W1-1.docx"样张

四、任务扩展

1．根据图 3-1-6 所示公文样张制作公文文档。

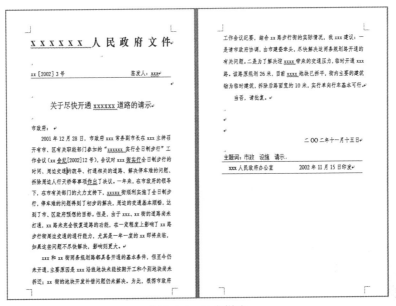

图 3-1-6　公文样张

要求：

（1）"xxxxxx 人民政府文件"设置为华文中宋，红色，小初。

（2）"xx［2002］3 号……"设置为仿宋三号。

（3）"关于尽快开通 xxxxxx 道路的请示"设置为宋体二号。

（4）正文设置为仿宋三号。

（5）"主题词"设置为黑体三号。其余格式以样张为准。

2．录入以下内容并按要求排版，完成后样张如图 3-1-7 所示。

图 3-1-7　诗词鉴赏样张

录入文字内容：

> 诗词鉴赏
> 清平乐·年年雪里
> 朝代宋朝
> 作者李清照
>
> 年年雪里。常插梅花醉。挼尽梅花无好意。赢得满衣清泪。
> 今年海角天涯。萧萧两鬓生华。看取晚来风势，故应难看梅花。
> 注释：
> （1）挼（ruó）：揉搓。
> （2）海角天涯：犹天涯海角。本指僻远之地，这里当指临安。
> （3）萧萧两鬓生华：形容鬓发花白稀疏的样子。
> （4）"看取"二句："看取"是观察的意思。观察自然界的"风势"。虽然出于对"梅花"的关切和爱惜，但此处"晚来风势"的深层语义，当与《菩萨蛮·归鸿声断残云碧?》和《忆秦娥·临高阁?》的"西风"垿同，均当喻指金兵对南宋的进逼。因此，结拍的"梅花"除了上述作为头饰和遣愁之物外，尚含有一定的象征之意。
> （5）故应：还应。

要求：
（1）标题文字"诗词鉴赏"设置为四号，繁体，加圈。
（2）正文部分设置为居中，楷体，四号，绿色，加拼音。
（3）注释部分设置为华文楷体，五号。
（4）在"李清照"的后面插入尾注，内容如下，格式设置为宋体，五号。
尾注文字：

> 李清照（1084 年 3 月 13 日～1155 年 5 月 12 日）号易安居士，汉族，山东省济南章丘人。宋代（南北宋之交）女词人，婉约词派代表，有"千古第一才女"之称。

实验 2　表格和流程图制作

一、实验目标

1. 掌握表格的制作方法。
2. 掌握流程图的制作方法。

二、实验准备

1. 中文 Windows 7 操作系统。
2. 中文 Word 2010 应用软件。

三、实验内容及操作步骤

实验内容

1．表格基本制作。
2．美化表格。
3．流程图的制作。

操作步骤

1．表格基本制作

任务：在 Word 2010 中创建如图 3-2-1 所示的表格，并以 w2.docx 为文件名保存在 D 盘"Word 实训"文件夹中。

电气 20170038 班秋季学期课程表					
时间＼星期		星期一	星期二	星期三	星期四	星期五
上午	1-2	数学	英语	英语（双）	数学	心理健康
	3-4	英语	体育	应用文写作		
下午	5-6	应用文写作			计算机	
	7-8		法律基础	数学		团学活动
晚上	9-10	C 语言		单片机实验	团学活动	
	11-12	C 语言（单）				

图 3-2-1　课程表

操作步骤如下：

（1）插入表格

新建空白文档，将光标置于插入表格的位置，单击"插入"选项卡/"表格"组/"表格"按钮/"插入表格"命令，在弹出的"插入表格"对话框中"列数"输入"6"，"行数"输入"8"，单击"确定"按钮。

（2）合并和拆分单元格

选中第 1 行，单击"表格工具"/"布局"选项卡/"合并"组/"合并单元格"按钮。选中第 1 列的第 3～8 行，单击"表格工具"/"布局"选项卡/"合并"组/"拆分单元格"按钮，在打开的"拆分单元格"对话框中，设置列数为"2"和行数为"6"，单击"确定"按钮。

（3）设置单元格行间距

使用鼠标拖动方法，将鼠标移到表格第 2 行的下边框线上，待鼠标形状变成双向箭头时，按下鼠标左键调整成如样张所示的行高。

（4）绘制斜线表头

单击"插入"选项卡/"表格"组/"表格"按钮/"绘制表格"命令，此时鼠标变为笔，在第 1 列第 2 行按下鼠标左键，拖动鼠标绘制一条斜线，按下键盘 Esc 键，取消绘制表格状态。

提示　　在"绘图工具"/"设计"选项卡的"绘图边框"组中可调整"笔样式""笔粗细""笔颜色"。

（5）输入表格内容

根据图 3-2-1 所示在单元格输入相应内容。

（6）格式化表格内容

①选中第 1 行，单击"开始"选项卡，在"段落"组中选中"居中"，"字体"组中选中"四号"。

②选中第 3～8 行，单击"开始"选项卡，在"段落"组中选中"居中"。选中第 2 行第 1 列的"星期"右对齐，"时间"左对齐。

③选中第 2 行第 2～6 列，单击"表格工具"/"布局"选项卡，在"对齐方式"组中选中"水平居中"按钮（水平及垂直方向均居中）。

（7）保存表格文档

单击"文件"/"另存为"命令，出现"另存为"对话框，在"保存位置"下拉列表框中选中 D 盘的"Word 实训"文件夹，在"文件名"文本框中输入"W2.docx"，单击"保存"按钮。

2. 美化表格

任务：为文件"W2.docx"的表格设置边框和底纹，样张如图 3-2-2 所示，并以"W2-1.docx"为文件名保存在 D 盘"Word 实训"文件夹中。

电气 20170038 班秋季学期课程表					
时间 \ 星期		星期一	星期二	星期三	星期四	星期五
上午	1-2	数学	英语	英语（双）	数学	心理健康
上午	3-4	英语	体育	应用文写作		
下午	5-6	应用文写作			计算机	
下午	7-8		法律基础	数学		团学活动
晚上	9-10	C 语言		单片机实验	团学活动	
晚上	11-12	C 语言（单）				

图 3-2-2　美化后的课程表

操作步骤如下：

（1）打开"W2.docx"文件，选中表格，单击"表格工具"/"设计"选项卡，在"表格样式"组中单击"边框"按钮，选中"左框线"，去掉表格左框线，用同样的方法去掉表格右框线。

（2）选中第 1 行，单击"表格工具"/"设计"选项卡，在"表格样式"组中单击"底纹"按钮，选中"白色，背景，深色 25%"。

（3）选中第 1 行，单击"表格工具"/"设计"选项卡，在"绘制边框"组中单击"笔划粗细"按钮，选择 1.5 磅。单击"表格工具"/"设计"选项卡，在"表格样式"组中单击"边框"按钮，选中"上框线"，表格第 1 行上框线粗细变为 1.5 磅。用同样的方法将表格第 1 行下框线粗细变为 2.25 磅。

（4）保存

单击"文件"/"另存为"命令，出现"另存为"对话框，在"保存位置"下拉列表框中选中 D 盘"Word 实训"文件夹，在"文件名"文本框中输入"W2-1.docx"，单击"保存"按钮。

3. 流程图的制作

任务：在 Word 2010 中创建如图 3-2-3 所示的流程图，并以"w2-2.docx"为文件名保存在 D 盘"Word 实训"文件夹中。

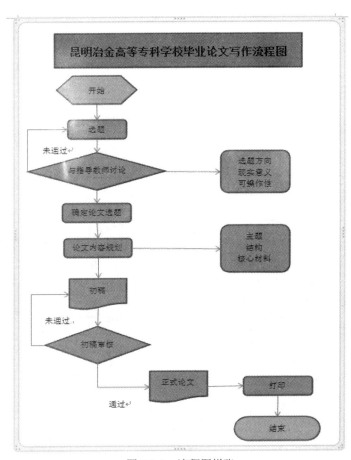

图 3-2-3　流程图样张

（1）制作流程图标题

操作步骤如下：

①新建空白文档，单击"插入"选项卡，在"插图"组中单击"形状"按钮，在打开的下拉列表中选择"新建绘图画布"命令。

提示　使用画布，可以在流程图中使用连接符连接。若直接在文档中插入图形，则无法使用连接符。

②选中绘图画布，单击"插入"选项卡，在"插图"组中单击"形状"按钮，在打开的下拉列表中选择"矩形"中的"矩形"，在画布中拖动鼠标绘制大小恰当的矩形。

③选中矩形右击，在打开的快捷菜单中选择"添加文字"命令，在光标闪烁处输入文字"昆明冶金高等专科学校毕业论文写作流程图"。

④选中文字"昆明冶金高等专科学校毕业论文写作流程图",单击"开始"选项卡,在"字体"组中设置"宋体""14""加粗""黑色,文字1",在"段落"组中设置"居中"。

（2）绘制流程图主体框架

操作步骤如下:

①拖动"画布"控制点,扩大画布绘图范围,使其能容纳流程图的绘制图形。

②单击"插入"选项卡,在"插图"组中单击"形状"按钮,在打开的下拉列表中选择"流程图"中的"准备"图形,在画布中拖动鼠标绘制大小恰当的图形。

③选中图形右击,在打开的快捷菜单中选择"添加文字"命令,在光标闪烁处输入文字"开始"。

④用同样的方法绘制其他图形,并在其中输入相应文字,完成后如图3-2-4所示。

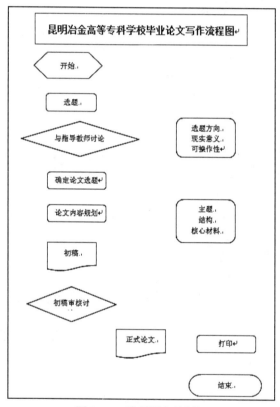

图3-2-4　流程图主体框架

（3）添加直线箭头连接符

操作步骤如下:

①单击"插入"选项卡,在"插图"组中单击"形状"按钮,在打开的下拉列表中选择"线条"中的"箭头"图形。

②将鼠标指向第一个流程图,图形四周出现 4 个红色连接点。接着将鼠标指向其中一个连接点,按下鼠标左键拖动到需连接的图形,此时第二个图形也出现4个红色连接点,鼠标定位到其中一个连接点并释放鼠标左键,则完成两个图形的连接。成功连接的连接符两端将显示红色的圆点。

③用同样的方法为其他图形添加直线箭头连接符。

💡提示　连接后的两个图形，可以通过移动图形来调整连接符的角度。

（4）添加肘形（折线）箭头连接符

操作步骤如下：

①单击"插入"选项卡，在"插图"组中单击"形状"按钮，在打开的下拉列表中选择"线条"中的"肘形箭头连接符"图形。

②将鼠标指向第一个流程图，图形四周出现 4 个红色连接点。接着将鼠标指向其中一个连接点，按下鼠标左键拖动到需连接的图形，此时第二个图形也出现 4 个红色连接点，鼠标定位到其中一个连接点并释放鼠标左键，则完成两个图形的连接。完成后可以看到连接符上有黄色的小点，利用鼠标拖动小点可以调整肘形的幅度。

③用同样的方法完成三个肘形（折线）箭头连接符的添加。

（5）添加注释

操作步骤如下：

①单击"插入"选项卡，在"文本"组中单击"文本框"按钮，在打开的下拉列表中选择"绘制文本框"命令，在绘图区绘制大小合适的文本框，并在文本框中输入文字"未通过"。

②选中文本框右击，在打开的快捷菜单中选择"设置形状格式"命令。

③在打开的"设置形状格式"对话框中，设置"填充"为"无填充"，"线条颜色"为"无线条"，单击"关闭"按钮。移动文本框到相应位置。

④用同样的方法使用文本框添加其他注释。完成后如图 3-2-5 所示。

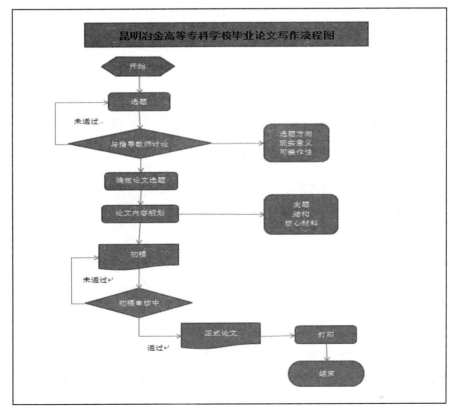

图 3-2-5　绘制完成后的流程图

（6）美化流程图

操作步骤如下：

①选中标题图形右击鼠标，在打开的快捷菜单中选择"设置形状格式"命令。

②在打开的"设置形状格式"对话框中，设置"填充"为"纯色填充"，"颜色"为"红色强调文字颜色2"。设置"三维格式"为棱台，顶端宽3磅，高3磅，深度为0磅，轮廓线为0磅，材料为"亚光效果"，单击"关闭"按钮。

③选中文字为"开始"的图形右击鼠标，在打开的快捷菜单中选择"设置形状格式"命令。

④在打开的"设置形状格式"对话框中，设置"填充"为"纯色填充"，"自定义颜色"为"红色：250、绿色：145、蓝色：6"。设置"三维格式"为棱台，顶端宽3磅，高3磅，深度为0磅，轮廓线为0磅，材料为"塑料"，单击"关闭"按钮。用同样的方法对文字为"结束"的图形进行设置（用格式刷也可以刷成相同的填充格式）。

⑤选中文字为"确定论文选题"的图形右击鼠标，在打开的快捷菜单中选择"设置形状格式"命令。

⑥在打开的"设置形状格式"对话框中，设置"填充"为"纯色填充"，"颜色"为"深蓝文字2淡色40%"。设置"三维格式"为棱台，顶端宽3磅，高3磅，深度为0磅，轮廓线为0磅，材料为"硬边缘"，单击"关闭"按钮。用同样的方法对其他剩余的图形进行设置（用格式刷也可以刷成相同的填充格式），完成如图3-2-3所示流程图效果。

（7）保存

操作步骤如下。

单击"文件"/"另存为"命令，出现"另存为"对话框，在"保存位置"下拉列表框中选中D盘"Word实训"文件夹，在"文件名"文本框中输入"W2-2.docx"文件名，单击"保存"按钮。

四、任务扩展

1. 绘制完成如图3-2-6所示的样张表格，并使用公式计算各科的平均分。

学生成绩统计表

科目 姓名	专业课		基础课		
	翻译	口语	语文	计算机	体育
张华	88	77	88	78	80
李立松	76	85	95	78	75
刘佳	69	69	78	58	85
何文涛	79	83	85	89	74
张敏	89	65	65	66	69
平均分	80.2	75.8	82.2	73.8	76.6

图3-2-6　表格样张

2．绘制如图 3-2-7 样张所示的流程图。

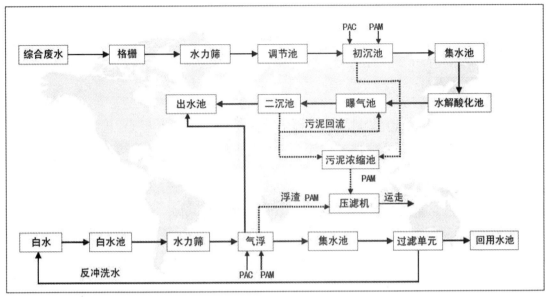

图 3-2-7　流程图

实验 3　图文表混排

一、实验目标

1．掌握图片、形状、SmartArt 图形、文本框、艺术字、数学公式的插入与编辑方法。
2．掌握图片、形状、SmartArt 图形、文本框、艺术字、数学公式的格式设置。
3．掌握图文表的混排方法。

二、实验准备

1．中文 Windows 7 操作系统。
2．中文 Word 2010 应用软件。
3．图文表混排素材。

三、实验内容及操作步骤

1．设计刊头。
2．设置文本框。
3．编辑"学院拥有……"段落。
4．插入 SmartArt 图形。

5．编辑"实训建设……"段落并插入图片。

6．插入"形状"图形及数学公式。

7．编辑"对外合作……"段落并与表格混排。

8．保存。

操作步骤

任务：利用"图文表混排素材.docx"，制作如图 3-3-1 所示的"电气专刊"，以"W3.docx"为文件名保存在 D 盘"Word 实训"文件夹中。

$$f(x) = \frac{1}{\sqrt{2\pi}} \int_{2}^{4} x^2 \, dx \sin 2x$$

图 3-3-1　专刊样张

1．设计刊头

操作步骤如下：

（1）新建空白文档，单击"插入"选项卡，在"插图"组中单击"形状"按钮，在打开的下拉列表中选择"星与旗帜"中的"上凸弯带形"，按下鼠标左键拖动鼠标绘制大小恰当两图形。

（2）选中图形，单击"绘图工具/格式"选项卡，在"形状样式"组中单击"其他"下拉按钮，在列表中选择"彩色填充-蓝色，强调颜色 1"。完成后复制相同的一个图形。

（3）单击"插入"选项卡，在"文本"组中单击"艺术字"按钮，在列表中选择"填充-橙色，填充文本颜色 6，暖色粗糙棱台"，在文本框中输入文字"电气"，字体设置为"华文行楷，40"。同样方法录入并设置相同格式的艺术字"专刊"。

（4）分别选中 2 个艺术字，在打开的"绘图工具/格式"选项卡中，在"排列"组中单击"自动换行"下拉按钮，在列表中选择"浮于文字上方"。在"艺术字样式"组中单击"文本效果"下拉按钮，在列表中选择"阴影"/"向右偏移"，完成后将 2 个艺术字移到"上凸弯带形"图形上方。

（5）同时选中 2 个艺术字和 2 个图形，单击"绘图工具/格式"选项卡，在"排列"组中单击"组合"下拉按钮，选择"组合"命令，将 4 个对象组合在一起。

（6）选中组合图形，在打开的"绘图工具/格式"选项卡中，在"排列"组中单击"自动换行"下拉按钮，在列表中选择"上下型环绕"。

效果如图 3-3-2 所示。

图 3-3-2　刊头样张

2．设置文本框

操作步骤如下：

（1）单击"插入"选项卡，在"文本"组中单击"文本框"按钮，在下拉列表中选择"绘制竖排文本框"命令，在刊头下方，按下鼠标左键拖动绘制一个文本框，调整到合适大小及位置。

（2）在文本框中录入文字，设置格式，其中"办学方针"及"特色"设置为"楷体，小二，加粗"，"办学方针"内容设置为"楷体，12"，"特色"内容设置为"华文行楷，小四"。

（3）选中文本框，单击"绘图工具/设计"选项卡，在"形状样式"组中单击"形状轮廓"下拉按钮，在列表中选择主题颜色"蓝色，强调文字颜色 1"，粗细"1.5 磅"，划线"划线-点"。在"排列"组中单击"自动换行"下拉按钮，在列表中选择"上下型环绕"。效果如图 3-3-3 所示。

图 3-3-3　文本框样张

3．编辑"学院拥有……"段落

操作步骤如下：

（1）在文本框下方，输入"学院拥有……"这一段文字，设置字体为"黑体，五号"，段落为"首行缩进 2 个字符"。

（2）选择该段，单击"页面布局"选项卡，在"页面设置"组中单击"分栏"按钮右侧的下拉列表按钮，选择"两栏"。效果如图 3-3-4 所示。

　　　　学院拥有一支爱岗敬业、教学经验丰富、　　　　比例 57%。学院有 2 名省级知名专家（1 名
科研能力强、教学水平高、结构合理的师资　　　　省级教学名师、1 名省级安全生产专家），1
队伍。其中教授 6 人，副教授（高级实验师）　　　名教师获全国黄炎培杰出教师奖。
30 人，讲师（实验师）21 人，副高级职称

图 3-3-4　"学院拥有……"段落的样张

4. 插入 SmartArt 图形

操作步骤如下：

（1）将光标置于"学院拥有……"段落的下方，单击"插入"选项卡，在"插图"组中单击"SmartArt"按钮，打开"选择 SmartArt 图形"对话框。选择"关系"中的"公式"，单击"确定"按钮，调整 SmartArt 图形的大小和边框到合适的大小。

（2）单击 SmartArt 图形左侧按钮，在打开的窗口中输入文字，如图 3-3-5 所示，完成录入，单击"关闭"按钮。

图 3-3-5　SmartArt 图样张

（3）选中 SmartArt 图形，单击"SmartArt 工具/格式"选项卡，在"排列"组中单击"自动换行"下拉按钮，在列表中选择"上下型环绕"。

5. 编辑"实训建设……"段落并插入图片

操作步骤如下：

（1）将光标置于 SmartArt 图形的下方，输入"实训建设……"这一段文字，设置字体为"楷体，小四"，段落为"首行缩进 2 个字符"。

（2）将光标置于需插入图片的位置，单击"插入"选项卡，单击"插图"组中的"图片"按钮，打开"插入图片"对话框，在"组织"窗格中找到所需插入的图，单击"插入"按钮插入图片，调整图片到合适的大小和位置。

（3）选中图片，单击"图片工具/格式"选项卡，在"排列"组中单击"自动换行"下拉按钮，在列表中选择"四周型环绕"，在"图片样式"组中选择"映像圆角矩形"。效果如图 3-3-6 所示。

　　　　实训建设有功能先进、　　　　　　　　状态良好、环境宽敞、制度
健全的校内实习基地。善的　　　　　　　　实习实训基地，有电气自动
化技术、机电技术、电子技　　　　　　　　术及西门子 4 个校内实训基
地 42 间实训室，实训固定资　　　　　　　产总值超过 4000 万元，有校
外实训基地 33 个，为高质量　　　　　　　的教学和学生实践提供了良
好的保障。

图 3-3-6　"实训建设……"段落的样张

6．插入"形状"图形及数学公式

操作步骤如下：

（1）将光标置于"实训建设……"段落的下方，单击"插入"选项卡，在"插图"组中单击"形状"按钮，在打开的下拉列表中选择"星与旗帜"中的"横卷形"，按下鼠标左键拖动鼠标绘制大小合适的图形。

（2）右击鼠标，在打开的快捷菜单中选择"添加文字"，输入文字"学习深造之路"，单击"图片工具/格式"选项卡，在"排列"组中单击"自动换行"下拉按钮，在列表中选择"上下型环绕"。

（3）单击"插入"选项卡，在"文本"组中单击"文本框"按钮，在下拉列表中选择"绘制文本框"命令，在"横卷形"图形右方，按下鼠标左键拖动绘制一个文本框，调整到合适大小及位置。

（4）选中文本框右击，在打开的快捷菜单中选择"设置形状格式"命令。在打开的"设置形状格式"对话框中，设置"填充"为"无填充"，"线条颜色"为"无线条"，单击"关闭"按钮。移动文本框到相应位置。

（5）将插入点移动到文本框中，单击"插入"选项卡的"符号"组中的"公式"按钮，在下拉列表中选择"插入新公式"命令，使用"公式工具/设计"选项卡功能区，在公式编辑区录入公式。效果如图 3-3-7 所示。

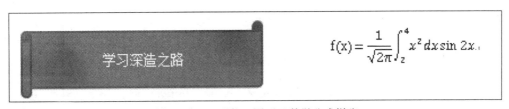

$$f(x) = \frac{1}{\sqrt{2\pi}} \int_z^4 x^2 \, dx \sin 2x.$$

图 3-3-7　　"形状"图形及数学公式样张

7．编辑"对外合作……"段落并与表格混排

操作步骤如下：

（1）将光标置于"形状"图形及数学公式下方，输入"对外合作……"这一段文字，设置字体为"楷体，小四"，段落为"首行缩进 2 个字符"。

（2）将光标置于段落中，单击"插入"选项卡中"文本"组的"首字下沉"按钮，在下拉列表中选中"首字下沉选项"命令，在打开的"首字下沉"对话框的"位置"选中"下沉"，在"下沉行数"选中"3"，单击"确定"按钮。

（3）将光标置于段落中，将实验 2 中的课程表复制到段落中。

（4）选中课程表，设置其中的字体为"六号"，调整课程表的大小到合适。

（5）选中课程表，右击鼠标，在打开的快捷菜单中选择"表格属性"命令，在打开的"表格属性"对话框中选择对齐方式为"右对齐"，文字环绕为"环绕"，单击"确定"按钮。效果如图 3-3-8 所示。

8．保存

操作步骤如下：

单击"文件"/"另存为"命令，出现"另存为"对话框，在"保存位置"下拉列表框中选中 D 盘"Word 实训"文件夹，在"文件名"文本框中输入"W3.docx"，单击"保存"按钮。

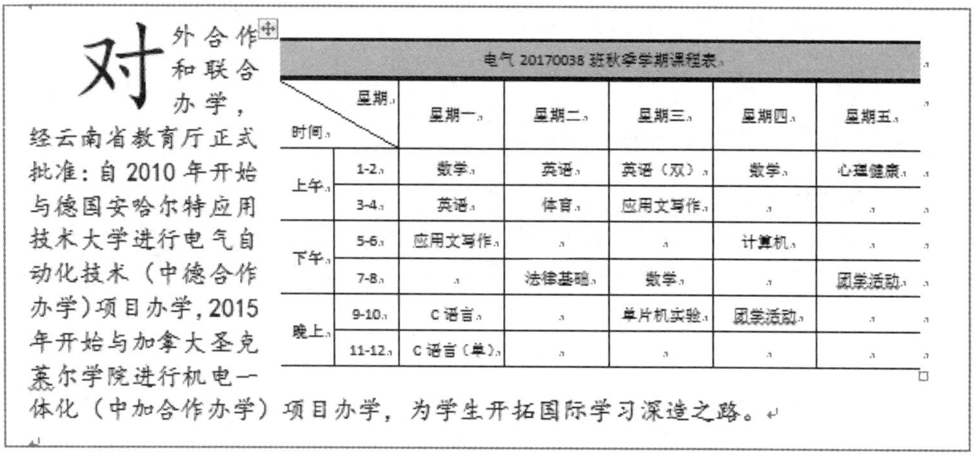

对外合作和联合办学，经云南省教育厅正式批准：自2010年开始与德国安哈尔特应用技术大学进行电气自动化技术（中德合作办学）项目办学，2015年开始与加拿大圣克莱尔学院进行机电一体化（中加合作办学）项目办学，为学生开拓国际学习深造之路。

电气 20170038 班秋季学期课程表						
时间 \ 星期		星期一	星期二	星期三	星期四	星期五
上午	1-2	数学	英语	英语（双）	数学	心理健康
	3-4	英语	体育	应用文写作		
下午	5-6	应用文写作			计算机	
	7-8		法律基础	数学		团学活动
晚上	9-10	C 语言		单片机实验	团学活动	
	11-12	C 语言（单）				

图 3-3-8 “对外合作……”段落与表格混排样张

四、任务扩展

按图 3-3-9 所示样张制作房屋出租广告。

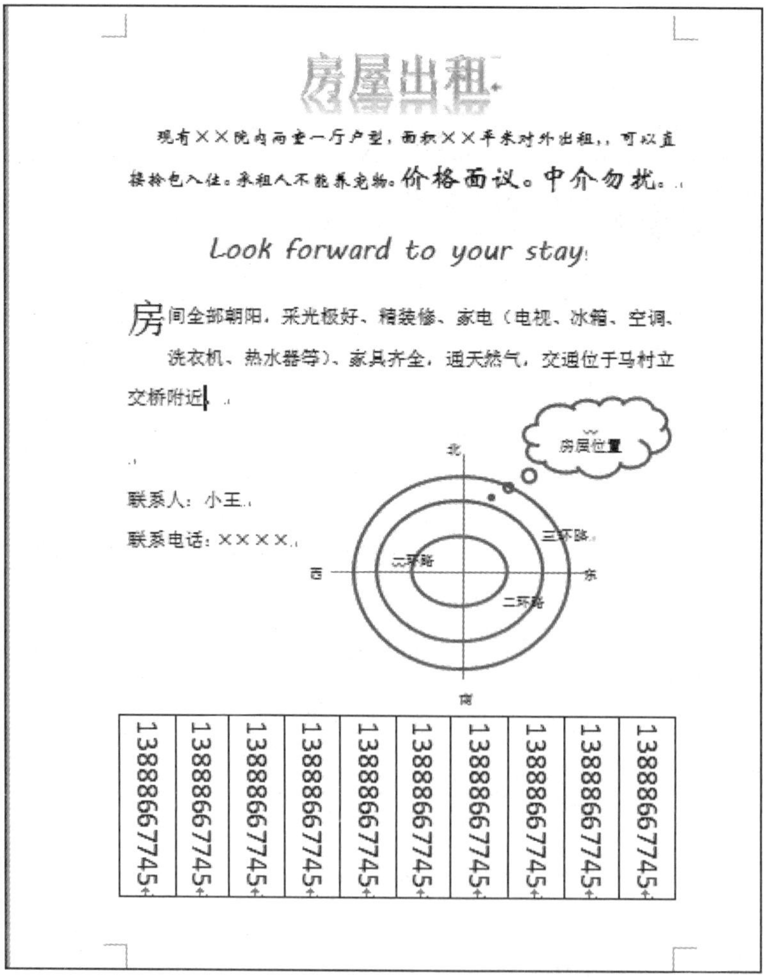

图 3-3-9 房屋出租广告样张

实验 4　长文档排版

一、实验目标

1．掌握样式的应用。
2．掌握"分节符"的应用。
3．掌握封面应用。
4．掌握题注的使用。
5．掌握页眉页脚设置。
6．掌握目录自动生成的方法。

二、实验准备素材

1．中文 Windows 7 操作系统。
2．中文 Word 2010 应用软件。
3．长文档排版素材。

三、实验内容及操作步骤

1．标题和正文设置。
2．插入图片题注。
3．插入封面。
4．插入页眉页脚。
5．插入自动目录。
6．保存。

任务：打开"长文档排版素材.docx"，完成以下排版任务，并以 w4.docx 为文件名保存在 D 盘"Word 实训"文件夹中，部分样张如图 3-4-1 所示。

1．标题和正文设置

任务：一级标题样式为黑体、小二号、居中，段前 0.5 行；二级标题样式为黑体、小三号，段前段后 0.5 行；三级标题样式为新宋体、四号、加粗，段前段后 0.5 行；正文小四号、首行缩进 2 个字符。

操作步骤如下。

（1）单击"开始"选项卡，在"样式"组中单击组按钮，打开"样式"任务窗格。

（2）单击"标题 1"下拉菜单选择"修改"命令，在"修改样式"对话框中单击"格式"按钮，修改样式为"黑体、小二号、居中，段前 0.5 行"，单击"确定"按钮，如图 3-4-2 所示。

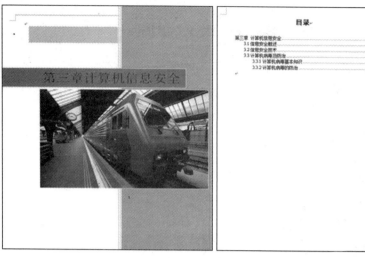

图 3-4-1　长文档排版部分样张

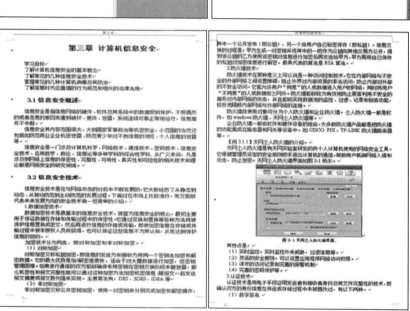

图 3-4-2　"标题 1"样式设置

（3）用同样的方法设置二级标题"标题 2"、三级标题"标题 3"和"正文"的样式。

（4）将"标题 1"应用于第三章的章名，"标题 2"应用于节（如 3.1……），"标题 3"应用于小节（如 3.1.1……）。

2．插入图片题注

任务：为文档的每张图片插入题注。

操作步骤如下：

（1）单击第一张图片，单击"引用"选项卡/"题注"组/"插入题注"按钮，打开"题注"对话框。

（2）单击"新建标签"按钮，输入标签名为"图 3-"，如图 3-4-3 所示，单击"确定"/"确定"按钮，在图下方自动插入题注"图3-1"，在其后加入图标题，选择对齐方式，完成第一张图片的题注添加。

（3）单击第二张图片，单击"引用"选项卡/"题注"组/"插入题注"按钮，打开"题注"对话框，单击"确定"/"确定"按钮，在图下方自动插入题注"图 3-2"，在其后加入图标题，选择对齐方式，完成第二张图片的题注添加。重复上述步骤完成其他图片的题注添加。

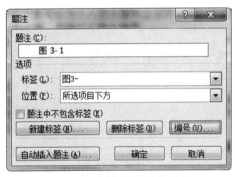

图 3-4-3　插入"题注"设置

3．插入封面

任务：为文档插入一个合适的封面。

操作步骤如下：

（1）单击"插入"选项卡/"页"组/"封面"按钮。

（2）在打开的封面样式列表中选择合适的封面，也可以根据需要修改封面。

4．插入页眉页脚

任务：在封面和目录（在下面的任务中即将插入目录）两页不显示页眉页脚，在文档的其余页面中，奇数页添加文字为"第三章"的页眉，偶数页添加文字为"计算机信息安全"的页眉，页脚为"1、2..."的页码。

操作步骤如下：

（1）将光标置于插入分节符的位置（即"第三章　计算机信息安全"行的最前面），单击"页面布局"选项卡/"页面设置"组/"分隔符"按钮，在下拉列表中选择"分节符"/"连续"命令，使封面单独为第 1 节。

（2）将光标置于插入分节符的位置（即"第三章　计算机信息安全"行的最前面），单击"页面布局"选项卡/"页面设置"组/"分隔符"按钮，在下拉列表中选择"分节符"/"下一页"命令，出现单独一页为第 2 节，以便插入目录使用（此时文档也被分为 3 节）。

（3）将光标置于插入页眉页脚的任意页（第3节），双击该页"上边距"，进入页眉编辑区，在"页眉和页脚工具/设计"选项卡/"选项"组中勾选"奇偶页不同"复选框，取消"首页不同"复选框。

（4）将插入点置于奇数页眉编辑区，关闭"导航"组中的"链接到前一条页眉"按钮，输入文字"第三章"。

（5）将插入点置于偶数页眉编辑区，关闭"导航"组中的"链接到前一条页眉"按钮，输入文字"计算机信息安全"。

（6）完成奇偶页页眉设置后，单击"页眉和页脚工具/设计"选项卡/"关闭"组/"关闭页眉和页脚"按钮。

（7）再将光标置于插入页眉页脚的任意页（第3节），双击该页"页脚"，进入页脚编辑区，在"页眉和页脚工具/设计"选项卡/"选项"组中取消勾选"奇偶页不同"和"首页不同"复选框。

（8）将光标置于页脚处，单击"插入"选项卡/"页眉和页脚"组/"页码"按钮/"页面底端"命令，在列表中选择"普通数字1"。

（9）完成页脚设置后，单击"页眉和页脚工具/设计"选项卡/"关闭"组/"关闭页眉和页脚"按钮。

> **提示**　单击"开始"选项卡/"段落"组中的"显示/隐藏编辑标志"按钮，可显示或隐藏"分节符"或"分页符"。

5．插入自动目录

任务：在单独的一页上为文档自动插入目录，该页为单独的一节。

操作步骤如下：

（1）将光标置于第二页（第2节）插入目录的位置，单击"引用"选项卡/"目录"组/"目录"按钮，在下拉列表中选择"插入目录"命令。

（2）在打开的对话框中选择目录的格式，在"打印预览"框中可以看到插入的目录，单击"确定"按钮，完成目录插入。

（3）右击目录内容，执行"更新域"命令，在"更新目录"对话框中选择更新的形式，单击"确定"按钮即可更新目录。

6．保存

操作步骤如下：

单击"文件"/"另存为"命令，出现"另存为"对话框，在"保存位置"下拉列表框中选中D盘"Word实训"文件夹，在"文件名"文本框中输入"W4.docx"，单击"保存"按钮。

四、任务扩展

打开"Visual计算机论文排版素材.docx"，按要求完成毕业论文排版。完成后的样张如图3-4-4所示。

要求：

（1）样式应用：文章分为三级标题，"1……"为"标题1"样式，"1.1……"为"标题2"样式，"1.1.1……"为"标题3"样式。

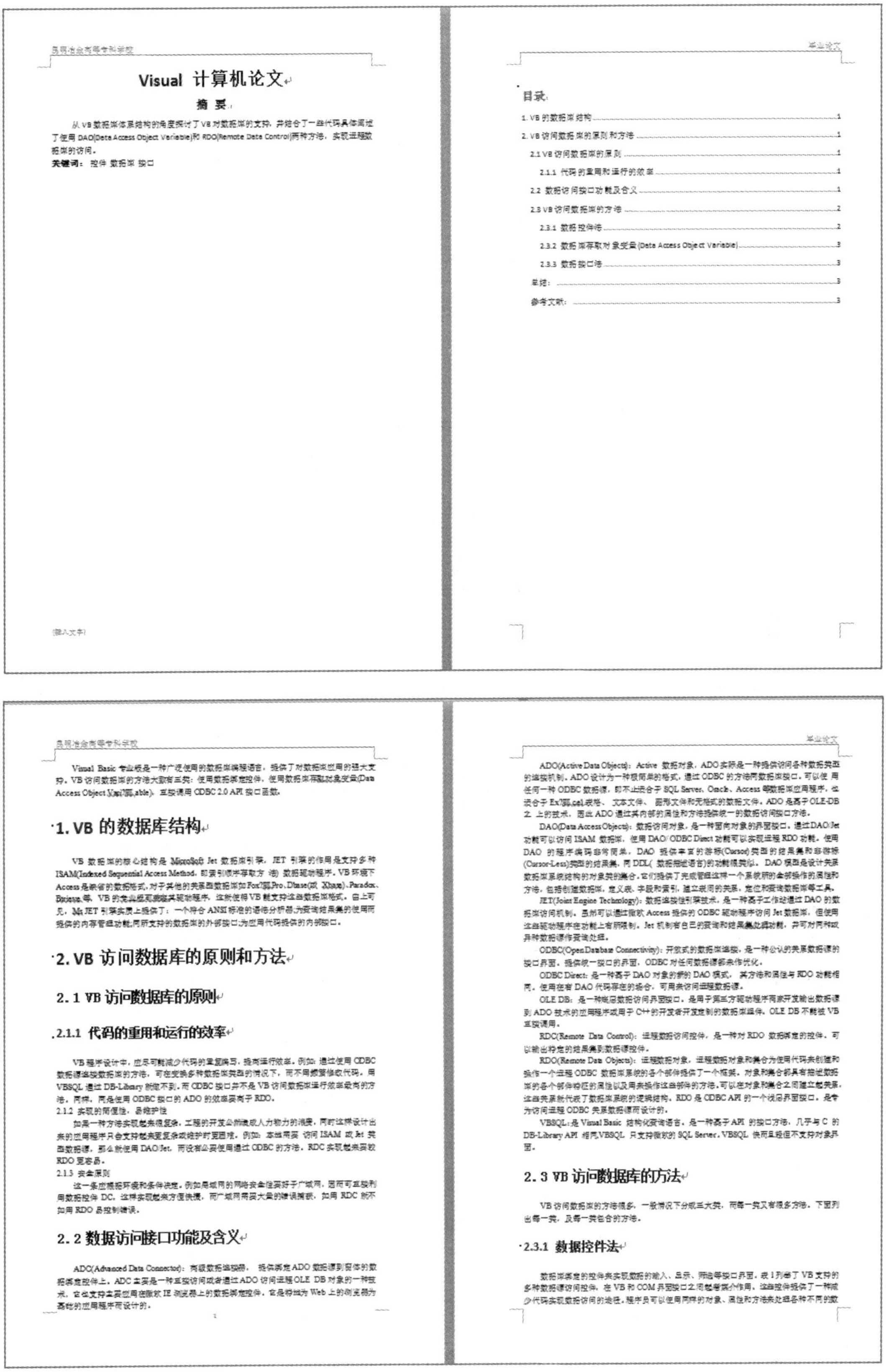

图 3-4-4　毕业论文排版样张

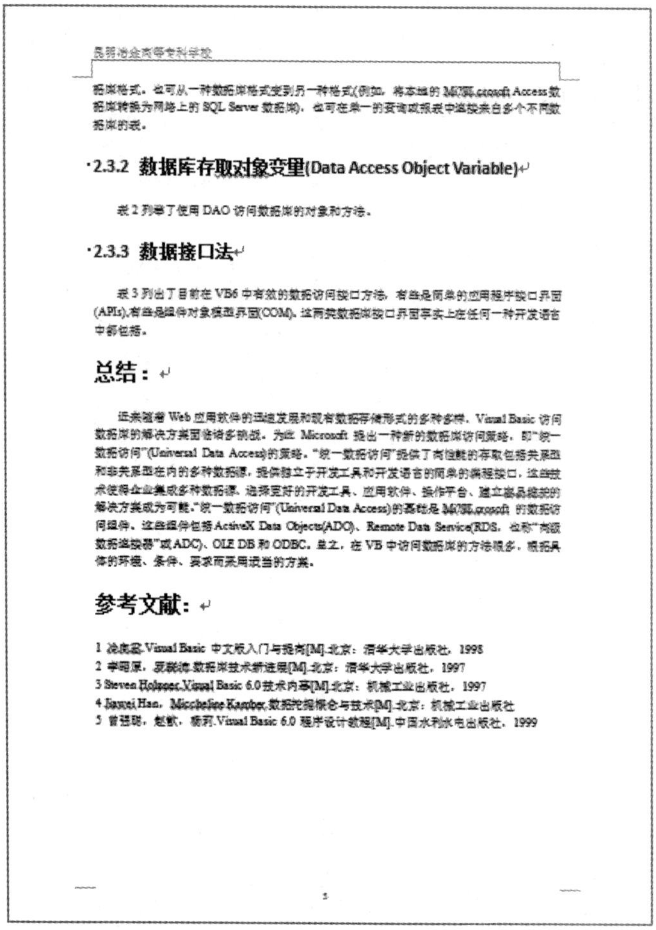

昆明冶金高等专科学校

据库格式。也可从一种数据库格式变到另一种格式(例如，将本地的 Microsoft Access 数据库转换为网络上的 SQL Server 数据库)，也可在单一的查询或报表中连接来自多个不同数据库的表。

·2.3.2 数据库存取对象变量(Data Access Object Variable)

表 2 列举了使用 DAO 访问数据库的对象和方法。

·2.3.3 数据接口法

表 3 列出了目前在 VB6 中有效的数据访问接口方法，有些是简单的应用程序接口界面(APIs),有些是组件对象模型界面(COM)。这两类数据库接口界面事实上在任何一种开发语言中都包括。

总结：

近来随着 Web 应用软件的迅速发展和现有数据存储形式的多种多样，Visual Basic 访问数据库的解决方案面临诸多挑战。为此 Microsoft 提出一种新的数据库访问策略，即"统一数据访问"(Universal Data Access)的策略。"统一数据访问"提供了高性能的存取包括关系型和非关系型在内的多种数据源，提供独立于开发工具和开发语言的简单的编程接口，这些技术使得企业集成多种数据源、选择更好的开发工具、应用软件、操作平台、建立容易维护的解决方案成为可能。"统一数据访问"(Universal Data Access)的基础是 Microsoft 的数据访问组件，这些组件包括 ActiveX Data Objects(ADO)、Remote Data Service(RDS，也称"高级数据连接器"或 ADC)、OLE DB 和 ODBC。总之，在 VB 中访问数据库的方法很多，根据具体的环境、条件、要求而采用适当的方案。

参考文献：

1 冯庆恩.Visual Basic 中文版入门与提高[M].北京：清华大学出版社，1998
2 李昭原，罗晓沛.数据库技术新进展[M].北京：清华大学出版社，1997
3 Steven Holzner.Visual Basic 6.0 技术内幕[M].北京：机械工业出版社，1997
4 Jiawei Han，Micheline Kamber.数据挖掘概念与技术[M].北京：机械工业出版社
5 曾强聪，赵歆，杨莉.Visual Basic 6.0 程序设计教程[M].中国水利水电出版社，1999

5

图 3-4-4　毕业论文排版样张（续图）

（2）添加页眉：为文章的所有页添加奇偶页不同的页眉，其中奇数页文字为“昆明冶金高等专科学校”，字符格式为“五号、左对齐”；偶数页文字为“毕业论文”，字符格式为“五号、右对齐”。

（3）添加页脚：插入页码，页码从正文开始，摘要和目录不添加页码。

（4）插入目录：插入三级目录，目录位于“摘要”的下一页。

第4章 电子表格处理软件 Excel 2010

实验1 Excel 2010 基本操作

一、实验目标

1. 掌握工作表数据的录入与编辑。
2. 掌握工作表格式化。
3. 掌握工作表移动、复制、重命名、增、删、插入操作。
4. 掌握工作表打印设置方法。

二、实验准备

1. 打开 Excel 2010。
2. 打开素材库中"实验1 Excel 2010 基本操作素材.xls"文件。

三、实验内容及操作步骤

1. 录入数据

参照"数据录入对照"工作表中数据，在"数据录入对照"工作表中进行数据录入，如图 4-1-1 所示。

（1）用"填充柄"快速录入"教工编号"字段数据记录。

（2）把"身份证号"字段、"出生日期"字段、"入职时间"字段设置为文本格式。

（3）使用"数据有效性"规则录入"职称"字段、"学历"字段、"性别"字段、"部门"字段记录。

（4）用常规录入方式录入其他字段记录。

2. 格式化工作表及其他基本设置

对工作表进行格式化操作，可以使工作表可读性和美感增强。打开素材中的"数据格式化"工作表，按下列要求对工作表进行格式化操作，最终效果如图 4-1-2 所示。

（1）设置工作表行、列。在标题下插入一行，将标题中的"（以京沪两地综合评价指数为 100）"移至新插入的行。

（2）设置格式为：字体：楷体；字号：12；跨列居中。

（3）将"食品"和"服装"两列移到"耐用消费品"一列之后。

（4）删除表格内的空行。

	A	B	C	D	E	F	G	H	I	J	K
1	教工编号	姓名	身份证号	性别	出生日期	入职时间	年龄	工龄	职称	学历	部门
2	昆明冶专0001	张成祥	530102197302152135	男	1973-2-15	2002-3-1	44	15	教授	博士	测绘学院
3	昆明冶专0002	唐来云	530102197003142118	男	1970-3-14	1999-3-1	47	18	副教授	硕士	测绘学院
4	昆明冶专0003	张雷	530111198301270827	女	1983-1-27	2009-9-1	34	7	讲师	硕士	测绘学院
5	昆明冶专0004	韩文歧	510211198809273926	女	1988-9-27	2013-9-1	29	3	无职称	本科	测绘学院
6	昆明冶专0005	郑俊霞	530127198008166005X	女	1980-8-16	2006-9-1	37	10	讲师	硕士	计算机学院
7	昆明冶专0006	马云燕	530103198409280034X	女	1984-9-28	2008-9-1	33	8	助教	硕士	计算机学院
8	昆明冶专0007	王晓燕	530111197803080858	男	1978-3-8	2008-9-1	39	8	副教授	本科	计算机学院
9	昆明冶专0008	贾莉莉	532201198512136343	女	1985-12-13	2012-9-1	32	4	助教	硕士	冶金工程学院
10	昆明冶专0009	李广林	532901198606160002X	男	1986-6-16	2014-3-1	31	3	助教	本科	商学院
11	昆明冶专0010	马丽萍	421182198203130035	男	1982-3-13	2006-9-1	35	10	讲师	硕士	计算机学院
12	昆明冶专0011	高云河	520202198701024449	男	1987-1-2	2011-3-1	30	6	助教	本科	冶金工程学院
13	昆明冶专0012	王卓然	532924198702110946	女	1987-2-11	2012-9-1	30	4	助教	硕士	冶金工程学院
14	昆明冶专0013	祁红	532530198203142223	女	1982-3-14	2008-3-1	35	9	讲师	硕士	计算机学院
15	昆明冶专0014	杨明	532901197501182456	男	1975-1-18	2002-3-1	42	15	讲师	本科	冶金工程学院
16	昆明冶专0015	江华	532526198601291722	女	1986-1-29	2012-3-1	31	5	助教	本科	商学院
17	昆明冶专0016	成燕	429006197803232724	女	1978-3-23	2004-3-1	39	13	副教授	硕士	冶金工程学院
18	昆明冶专0017	达晶华	532228197612061041	女	1976-12-6	2000-3-1	41	17	副教授	本科	材料工程学院
19	昆明冶专0018	刘珍	530302197708090066	女	1977-8-9	2002-9-1	40	14	副教授	博士	材料工程学院
20	昆明冶专0019	凤玲	532422197205180703	男	1972-5-18	1996-9-1	45	20	教授	硕士	冶金工程学院
21	昆明冶专0020	艾提	532228197501141493X	男	1975-1-14	2003-3-1	42	14	讲师	硕士	冶金工程学院
22	昆明冶专0021	康众喜	532331198410060916	男	1984-10-6	2013-3-1	33	4	讲师	本科	材料工程学院
23	昆明冶专0022	张志	530102197810080771	男	1978-10-8	2004-3-1	39	13	讲师	本科	冶金工程学院
24	昆明冶专0023	建军	530111198804202041	男	1988-4-20	2014-3-1	29	3	无职称	专科	冶金工程学院
25	昆明冶专0024	玉甫	533325197908081610	男	1979-8-8	2008-3-1	38	9	讲师	硕士	商学院
26	昆明冶专0025	成智	533222198508275819	男	1985-8-27	2010-9-1	32	7	讲师	专科	冶金工程学院
27	昆明冶专0026	尼工孜	530381198605083923	女	1986-5-8	2014-9-1	31	2	无职称	本科	冶金工程学院
28	昆明冶专0027	生华	532927197406030529	女	1974-6-3	2002-3-1	43	15	副教授	博士	商学院

图 4-1-1　"数据录入对照"工作表

部分城市消费水平抽样调查
（以京沪两地综合评价指数为100）

地区	城市	常生活用品	日用消费品	食品	服装	应急支出
东北	沈阳	91.00	93.30	89.50	97.70	
东北	哈尔滨	92.10	95.70	90.20	98.30	99.00
东北	长春	91.40	93.30	85.20	96.70	
华北	天津	89.30	90.10	84.30	93.30	97.00
华北	唐山	89.20	87.30	82.70	92.30	80.00
华北	郑州	90.90	90.07	84.40	93.00	71.00
华北	石家庄	89.10	89.70	82.90	92.70	
华东	济南	93.60	90.10	85.00	93.30	85.00
华东	南京	95.50	93.55	87.35	97.00	85.00
西北	西安	88.80	89.90	85.50	89.76	80.00

图 4-1-2　格式化工作表

（5）设置单元格格式：标题格式：字体：隶书；字号：20、粗体、跨列居中；填充：图案颜色绿色，图案样式"25%灰"；字体颜色：红色；表格中的数据单元格区域设置数值格式，保留 2 位小数，右对齐；其他各单元格内容居中。

（6）设置表格边框线。按图 4-1-2 所示，为表格设置相应的边框格式。

（7）定义单元格名称。将标题的名称定义为"调查统计资料"。

（8）添加批注。为"唐山"单元格添加批注"非省会城市"。

（9）重命名工作表，将 Sheet1 工作表重命名为"消费调查"。

（10）复制工作表。将"消费调查"工作表内容复制到 Sheet2 工作表中。

（11）设置打印标题。在 Sheet2 工作表的"石家庄"一行之前插入分页线。

（12）设置 Sheet2 的标题行为打印标题行，打印区域为整个表格。

1. 录入数据

参照"数据录入对照"工作表中数据，在"数据录入对照"工作表中进行数据录入，如

图 4-1-1 所示。

实验步骤如下：

（1）用"填充柄"快速录入"教工编号"字段数据记录。

选中连续两项有规律单元格，将光标移到右下角，待光标变为实体十字星时按住鼠标左键拖动。

（2）把"身份证号"字段、"出生日期"字段、"入职时间"字段设置为文本格式。

右键单击，选择"设置单元格格式"命令，在"数字"选项卡中将下拉选项设置为"文本"格式，即可录入记录。

（3）使用"数据有效性"规则录入"职称"字段、"学历"字段、"性别"字段、"部门"字段记录。

选择"职称"列，单击"数据"选项卡/"数据工具"组/"数据有效性"按钮/"数据有效性"命令，打开"数据有效性"对话框，如图 4-1-3 所示。在"设置"选项卡的"有效性条件"区域中，选择"允许"下拉列表中的"序列"选项，并勾选"忽略空值"和"提供下拉箭头"复选框。在"来源"文本框中输入图 4-1-3 所示的内容（教授,副教授,讲师,助教,无职称），注意每一项内容要用英文逗号隔开，单击"确定"按钮，完成操作。其余操作仿此进行。

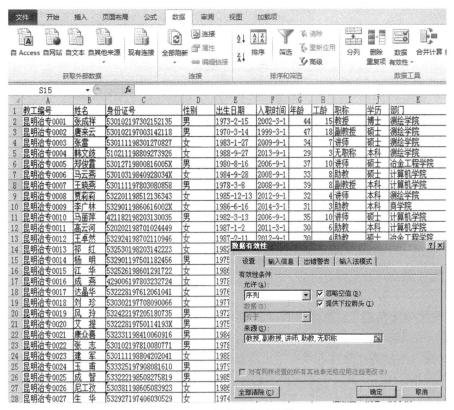

图 4-1-3　设置数据有效性

（4）用常规录入方式录入其他字段记录。

提示　　图 4-1-3 所示"来源"文本框中输入的选项必须用英文逗号隔开，否则不能分类显示在下拉选项中。

2．格式化工作表及其他基本设置

对工作表进行格式化操作，可以使工作表可读性和美感增强。打开素材中的"数据格式化"工作表，按下列要求对工作表进行格式化操作，最终效果如图 4-1-2 所示。

（1）设置工作表行、列。在标题下插入一行，将标题中的"（以京沪两地综合评价指数为 100）"移至新插入的行。

选中表头所在行，右键单击，选择"插入"；双击标题所在单元格，选中"（以京沪两地综合评价指数为 100）"，按快捷键 Ctrl+X（剪切），将光标移到新插入的行，选择"标题所在下面一行同列单元格（C4）"，按快捷键 Ctrl+V（粘贴）即可。

（2）设置格式为：字体：楷体；字号：12；跨列居中。

选中单元格区域 C4:I4 右键单击，选择"设置单元格格式"，在"水平对齐"下拉列表框中选择"跨列居中"，如图 4-1-4 所示。

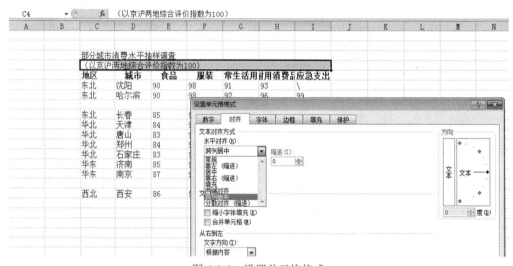

图 4-1-4　设置单元格格式

（3）将"食品"和"服装"两列移到"耐用消费品"一列之后。

同时选中 E 列和 F 列（按住 Ctrl 键选择或者用鼠标拖选），右键单击，选择"剪切"，选中 I 列，右键单击，选择"插入剪切的单元格"。

（4）删除表格内的空行。

选中空行，右键单击，选择"删除"。

（5）设置单元格格式：标题格式：字体：隶书；字号：20、粗体、跨列居中；填充：图案颜色绿色，图案样式"25%灰"；字体颜色：红色；表格中的数据单元格区域设置数值格式，保留 2 位小数，右对齐；其他各单元格内容居中。

选中单元格区域 C3:I3，右键单击，选择"设置单元格格式"，分别设置：

- 对齐：跨列居中
- 字体：字号 20
- 字体：字形"粗体"
- 字体：颜色"红色"
- 填充：图案颜色绿色
- 填充：图案样式"25%灰（如图 4-1-5 所示）"

图 4-1-5　"填充"选项卡

选中表格中所有数据，右键单击，选择"设置单元格格式"。

● 数字：数值，小数位数设置为 2，如图 4-1-6 所示。

图 4-1-6　"数字"选项卡

● 对齐：右对齐。其他单元格操作仿此进行。

（6）设置表格边框线，按图 4-1-2 所示，为表格设置相应的边框格式。

选中表格，右键单击，按图 4-1-2 所示"数据格式化"工作表中的"图"样式逐项设置边框。

（7）定义单元格名称，将标题的名称定义为"调查统计资料"。

选中标题，在"名称框"中输入"调查统计资料"，按回车键即可。

（8）添加批注。为"唐山"单元格添加批注"非省会城市"。

选中"唐山"单元格，右键单击，选择"插入批注"，输入"非省会城市"。

（9）重命名工作表。将 Sheet1 工作表重命名为"消费调查"。

双击左键，输入"消费调查"。

（10）复制工作表。将"消费调查"工作表内容复制到 Sheet2 工作表中。

选中"消费调查"工作表所有内容，按快捷键 Ctrl+C，打开 Sheet2 工作表，按快捷键 Ctrl+V。

（11）设置打印标题。在 Sheet2 工作表的"石家庄"一行之前插入分页线。

打开 Sheet2 工作表，选中"石家庄"一行，单击"页面布局"选项卡/"分隔符"组/插入分页符。

（12）设置 Sheet2 的标题行为打印标题行，打印区域为整个表格。

打开 Sheet2 工作表，打开"页面布局"选项卡，单击"打印标题"图标，打开"页面设置"对话框，按图 4-1-7 所示设置。

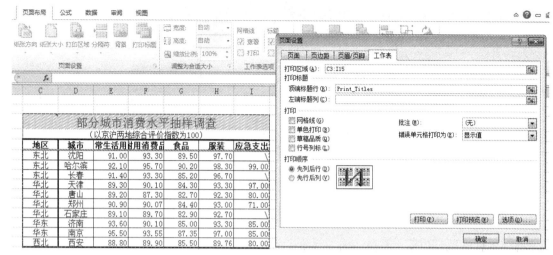

图 4-1-7 "工作表"选项卡

四、任务扩展

使用素材库中"实验 1 Excel 2010 基本操作素材.xls"文件 Sheet3 工作表中数据，完成下列设置。

1．设置工作表行、列

在标题下插入一行，在最后一列左侧插入一列；

将"1993"和"1994"两列移至"1995"一列之前。

2．设置单元格格式

将标题中的"（单位：10 亿美元）"移至标题下新插入的行；设置格式；字体：宋体，字号：10；合并 B3:G3 单元格，内容右对齐；

标题格式：字体：楷体，字号：16，跨列居中；

将表格中的数据单元格区域设置为数值格式，保留 2 位小数，右对齐；其他各单元格内容居中。

3．设置表格边框线

按自己的美感思路为表格设置相应的边框格式。

4．定义单元格名称

将标题的名称定义为"送审"。

5．添加批注

为"计算机"单元格添加批注"个人电脑"。

6．重命名工作表

将 Sheet4 工作表重命名为"信息市场"。

7．复制工作表

将"信息市场"工作表复制到 Sheet5 工作表中。

8．设置打印标题

在 Sheet5 工作表的"1995"一列前插入分页线；设置表格左端列为打印标题。

实验 2　公式和函数运用

一、实验目标

1. 掌握算术运算法则、函数运算。
2. 掌握条件计算。
3. 掌握跨工作表计算。

二、实验准备

1. 打开 Excel 2010。
2. 打开素材库中"实验 2　Excel 2010 公式和函数运用.xls"文件。

三、实验内容及操作步骤

1. 数学计算

打开"算术运算"工作表，计算工作表中的总评成绩，并把计算结果放置在"总评"列对应单元格中。计算公式为：总评=平时成绩+期末*40%-考勤。

2. 混合运算

打开"混合运算"工作表，使用工作表中的数据，按照下列各项要求，分别完成对应操作。

（1）计算"混合运算"工作表中的总评成绩，并把计算结果放置在"总评"列对应单元格中。计算公式为：总评=平时成绩+期末*40%-考勤。规定：打字成绩以 30 字每分钟计 5 分，每多一个字加 0.1 分，每少一个字减 0.2 分，少于 10 字计 0 分。表中"打字"列所给数据均为每分钟打字字数。

（2）用 IF 函数计算学生的"评语"。规定：总评>=85，评语为"该生表现优秀，成绩优秀"；85>总评>=75，评语为"该生表现良好，成绩良好"；75>总评>=60，评语为"该生表现一般，成绩一般"；总评<60 评语为"该生表现一般，成绩较差"。

3. 函数运算

打开"函数运算"工作表，使用工作表中的数据，按照下列各项要求，分别完成对应操作。

（1）利用 IF、MOD、MID 函数的嵌套，通过身份证号码倒数第二位求出教职工的性别信息。

（2）利用函数 MID 和&运算符求出出生日期信息，格式为"XXXX-XX-XX"。

（3）利用上一步已经获得的出生日期，使用 TODAY、YEAR 函数，计算出年龄。

（4）利用已知的参加工作时间，使用 TODAY、YEAR 函数，计算出工龄。

（5）使用 COUNTA 函数统计出教职工总人数，使用 COUNTIF 函数分别统计出男、女及员工总人数。结果放置在"函数运算"工作表下的"统计表"中。

1. 数学运算

计算"算术运算"工作表中的总评成绩，并把计算结果放置在"总评"列对应单元格中。计算公式为：总评=平时成绩+期末*40%-考勤。

> **提示** 平时成绩的分数是以百分制计算的，要折算成 5 分制。期末考试是百分制，要折算为 40 分制。

执行操作：可以用两种方法进行计算，一种方法是直接输入计算式，另外一种方法是用鼠标逐一选择。

方法1：选中 J3 单元格，直接在编辑栏输入"=B3+C3+D3+E3+F3+G3*5%-H3+I3*40%"后按回车键。

方法2：选中 J3 单元格，输入等号（=），用鼠标选择 B3 单元格，输入加号（+）；用鼠标选择 C3 单元格，输入加号（+）；用鼠标选择 D3 单元格，输入加号（+）；用鼠标选择 E3 单元格，输入加号（+）；用鼠标选择 F3 单元格，输入加号（+）；用鼠标选择 G3 单元格，输入乘 5%（*5%），输入减号（-）；用鼠标选择 H3 单元格，输入加号（+）；用鼠标选择 I3 单元格，输入乘 40%（*40%），按回车键，如图 4-2-1 所示。

SUM			fx	=B3+C3+D3+E3+F3+G3*5%-H3+I3*40%						
	A	B	C	D	E	F	G	H	I	J	K
1	细则	昆明冶专学期平时成绩登记表（平时成绩占60%，期末考试占40%）									
2	姓名	操作系统（5分）	Word（20分）	Excel（20分）	ppt（5分）	多媒体技术与网页制作（5分）	平时表现（5分）	考勤扣分（全勤为0分）	期末考试（占40%）	总评	评语
3	张学仁	5	19	10	5	5	75.08	0	60	I3*40%	

图 4-2-1 公式输入

2. 混合运算

打开"混合运算"工作表，使用工作表中的数据，按照下列操作要求完成相应的混合运算。

（1）计算"混合运算"工作表中的总评成绩，并把计算结果放置在"总评"列对应单元格中。计算公式为：总评=平时成绩+期末*40%-考勤。规定：打字成绩以 30 字每分钟计 5 分，每多一个字加 0.1 分，每少一个字减 0.2 分，少于 10 字计 0 分。表中"打字"列所给数据均为每分钟打字字数。

> **提示** 此题的难点在于打字部分的计算，其余算法与上例完全一致，所以先用 IF 函数把打字部分的成绩计算出来，问题即可得到解决。我们先选择 L3 单元格，把考勤计算结果放置在 L 列，然后再把上例中的 G3 单元格计算项，换成本例的"打字"计算公式即可。
>
> 打字成绩计算方法：光标移到 K3 单元格（或其他不影响数据的单元格都可以），输入等号（=），点击 IF 函数，照图 4-2-2 所示步骤操作，得出"打字"的运算公式。

方法1：选中 J3 单元格，输入等号（=），用鼠标选择 B3 单元格，输入加号（+），用鼠标选择 C3 单元格，输入加号（+），用鼠标选择 D3 单元格，输入加号（+），用鼠标选择 E3 单元格，输入加号（+），用鼠标选择 F3 单元格，输入加号（+），输入：IF(G3>=30,5+(G3-30)*0.1,

IF(G3>=10,5-(30-G3)*0.2,0))，输入减号（-），用鼠标选择 H3 单元格，输入加号（+），用鼠标选择 I3 单元格，输入乘 40%（*40%），按回车键，如图 4-2-3 所示。

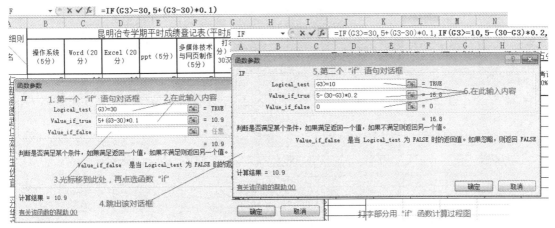

图 4-2-2　计算"打字"成绩

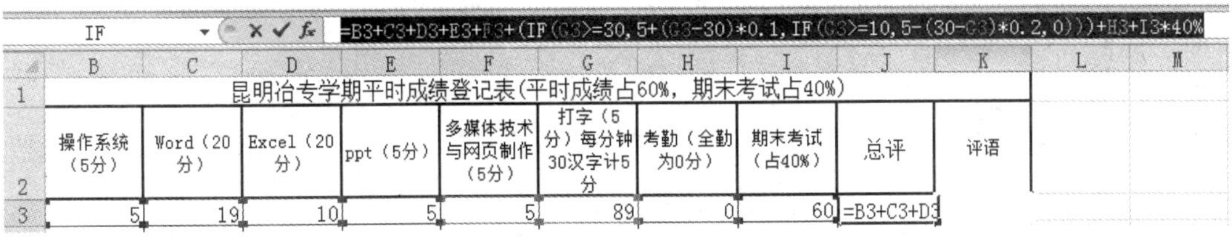

图 4-2-3　公式输入

方法 2：选中 J3 单元格，直接在编辑栏输入"=B3+C3+D3+E3+F3+(IF(G3>=30,5+(G3-30)*0.1,IF(G3>=10,5-(30-G3)*0.2,0)))+H3+I3*40%"即可。

（2）用 IF 函数计算学生的"评语"。规定：总评>=85，评语为"该生表现优秀，成绩优秀"；85>总评>=75，评语为"该生表现良好，成绩良好"；75>总评>=60，评语为"该生表现一般，成绩一般"；总评<60，评语为"该生表现一般，成绩较差"。

执行操作：可以用两种方法进行计算，一种方法是直接输入计算式，另外一种方法是用鼠标逐一选择。

方法 1：选中 K3 单元格，直接在编辑栏输入"=IF(J3>=85,"该生表现优秀，成绩优秀",IF(J3>=75,"该生表现良好，成绩良好",IF(J3>=60,"该生表现一般，成绩一般","该生表现一般，成绩较差")))"后按回车键。运算结果如图 4-2-4 所示。

方法 2：选中 K3 单元格，输入等号（=），单击 fx 按钮选择"IF"函数，按照图 4-2-5 所示逐步操作即可。详细步骤为：

①第一个"IF"对话框，第一、二个文本框中输入内容为：J3>=85；该生表现优秀，成绩优秀；光标移到第三个文本框，选择"IF"，跳出第二个"IF"对话框。

②第二个"IF"对话框，第一、二个文本框中输入内容为：J3>=75；该生表现良好，成绩良好；光标移到第三个文本框，选择"IF"，跳出第三个"IF"对话框。

③第三个"IF"对话框，第一、二个文本框中输入内容为：J3>=60；该生表现一般，成绩一般；第三个文本框中输入"该生表现一般，成绩较差"。

K3 ▼ ⨍ =IF(J3>=85,″该生表现优秀，成绩优秀″,IF(J3>=75,″该生表现良好，成绩良好″,IF(J3>=60,″该生表

姓名	操作系统（5分）	Word（20分）	Excel（20分）	ppt（5分）	多媒体技术与网页制作（5分）	打字（5分）每分钟30汉字计5分	考勤（全勤为0分）	期末考试（占40%）	总评	评语
细则	昆明冶专学期平时成绩登记表（平时成绩占60%，期末考试占40%）									
张学仁	5	19	10	5	5	89	0	60	78.9	该生表现良好，成绩良好
张建新	5	20	9	5	5	29	0	70	76.8	该生表现良好，成绩良好
迟禄滨	5	13	10	5	5	17	0	35	54.4	该生表现一般，成绩较差
季关德	5	20	8	5	5	16	0	71	73.6	该生表现一般，成绩一般
沈俊武	5	13	8	5	5	26	0	39	55.8	该生表现一般，成绩较差
李阳仁	5	20	8	5	5	26	0	74	76.8	该生表现良好，成绩良好
阮子宏	5	17	9	5	5	16	3	45	64.2	该生表现一般，成绩一般
阮力祥	5	20	9	5	5	28	0	65	74.6	该生表现一般，成绩一般
邓火生	5	18	8	5	5	9	4	61	69.4	该生表现一般，成绩一般
邓居伙	5	19	9	5	5	45	0	61	73.9	该生表现一般，成绩一般
肖三官	5	20	10	5	5	17	0	60	71.4	该生表现一般，成绩一般
闫发	5	16	9	5	5	24	0	64	69.4	该生表现一般，成绩一般
闫成兴	5	20	9	5	5	35	0	35	66.0	该生表现一般，成绩一般
李国华	5	14	9	5	5	33	0	58	66.5	该生表现一般，成绩一般
杨明文	5	18	7	5	5	30	0	50	65	该生表现一般，成绩一般
周淑兰	5	13	9	5	5	0	0	86	73.2	该生表现一般，成绩一般
刘仁海	5	19	9	5	5	9	2	48	64.2	该生表现一般，成绩一般
陆德明	5	14	9	5	5	22	0	48	60.6	该生表现一般，成绩一般
刘伟	5	20	10	5	5	35	0	56	72.9	该生表现一般，成绩一般

图 4-2-4　计算"评语"

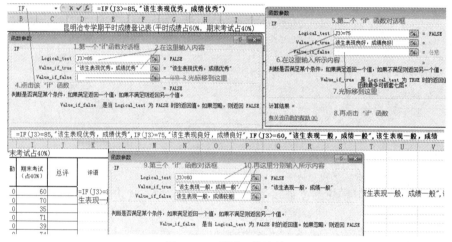

图 4-2-5　利用函数计算

3. 函数运算

打开"函数运算"工作表，使用工作表中的数据，按照下列各项要求，分别完成对应操作。计算结果如图 4-2-6 所示。

💡提示

身份证号码是由 18 位数字组成的，编码规则如下：

①第 1~2 位数字表示省份代码；

②第 3~4 位数字表示城市代码；

③第 5~6 位数字表示区县代码；

④第 7~14 位数字表示出生年月日：7~10 位是年、11~12 位是月、13~14 位是日；

⑤第 15~16 位数字表示派出所代码；

⑥第 17 位数字表示性别奇数表示男性，偶数表示女性；

⑦第 18 位数字是校检码校检码可以是 0~9 的数字，有时也用 X 表示。

工号	姓名	身份证号	性别	出生日期	入职时间	年龄	工龄	职称	学历	部门
昆明冶专0001	王艳艳	654121198304133967	女	1983-4-13	2008-9-1	34	9	讲师	硕士	商学院
昆明冶专0002	李卫东	533025197404083919	男	1974-4-8	2001-9-1	43	16	副教授	硕士	材料工程学院
昆明冶专0003	焦中明	441031979010100002X	男	1979-1-10	2008-9-1	38	9	副教授	博士	商学院
昆明冶专0004	齐晓鹏	441502198505221045	男	1985-5-22	2013-9-1	32	4	助教	本科	商学院
昆明冶专0005	王永隆	440104197303213122	女	1973-3-21	1999-3-1	44	18	讲师	硕士	商学院
昆明冶专0006	付祖荣	530122197003243371	男	1970-3-24	1998-9-1	47	19	教授	本科	计算机学院
昆明冶专0007	杨丹妍	532233198405230326	女	1984-5-23	2013-9-1	33	4	助教	专科	商学院
昆明冶专0008	王晶晶	53355241975110600002X	女	1975-11-6	2003-9-1	42	14	讲师	硕士	计算机学院
昆明冶专0009	陶春光	530128198009282731	男	1980-9-28	2008-9-1	37	9	助教	硕士	材料工程学院
昆明冶专0010	张秀双	530129197008191962	女	1970-8-19	1994-9-1	47	23	副教授	博士	计算机学院
昆明冶专0011	刘炳光	532228197201221048	女	1972-1-22	1997-9-1	45	20	讲师	硕士	商学院
昆明冶专0012	费殷琴	53032119841229032X	女	1984-12-29	2012-3-1	33	5	讲师	硕士	冶金工程学院
昆明冶专0013	车延波	51021119808092733926	男	1980-9-27	2013-9-1	29	4	无	本科	材料工程学院
昆明冶专0014	张积盛	530127198008160005X	男	1980-8-16	2008-9-1	37	11	讲师	硕士	计算机学院
昆明冶专0015	闫少林	53010319840928034X	男	1984-9-28	2008-9-1	33	9	助教	硕士	计算机学院
昆明冶专0016	李安娜	530111197803080858	男	1978-3-8	2008-9-1	39	9	副教授	本科	材料工程学院
昆明冶专0017	孟玉艳	532201198512136343	女	1985-12-13	2012-9-1	32	5	讲师	硕士	商学院
昆明冶专0018	孙大立	53290119860616002X	男	1986-6-16	2014-3-1	31	3	助教	硕士	计算机学院
昆明冶专0019	李　琳	421182198203130035	男	1982-3-13	2006-9-1	35	11	讲师	硕士	计算机学院
昆明冶专0020	白　俊	520202198701024449	女	1987-1-2	2011-9-1	30	6	助教	硕士	计算机学院
昆明冶专0021	徐　娟	532924198702110946	女	1987-2-11	2012-9-1	30	5	助教	硕士	冶金工程学院
昆明冶专0022	陈　培	532530198203142223	女	1982-3-14	2008-3-1	35	9	助教	硕士	冶金工程学院
昆明冶专0023	王　蕭	532901197501182456	男	1975-1-10	2002-3-1	42	15	讲师	本科	冶金工程学院
昆明冶专0024	蔡小林	532526198601291722	女	1986-1-29	2008-9-1	31	9	助教	硕士	计算机学院
昆明冶专0025	王新力	429006197803232724	女	1978-3-23	2004-3-1	39	14	副教授	硕士	冶金工程学院
昆明冶专0026	江　湖	532228197612061041	女	1976-12-6	2000-3-1	41	17	副教授	本科	商学院

统计表

性别	人数
男	8
女	20
总人数	28

图 4-2-6　计算结果

（1）利用 IF、MOD、MID 函数的嵌套，通过身份证号码倒数第二位求出教职工的性别信息。

> **提示**
>
> 关于 MOD、MID 函数的说明：
>
> MID 函数是一个字符串函数，其作用是从一个字符串中截取出指定数量的字符。
>
> MOD 函数是一个求余函数，其格式为：mod(nExp1,nExp2)，即两个数值表达式作除法运算后的余数。特别注意：在 Excel 中，MOD 函数是返回两数相除的余数，返回结果的符号与除数（divisor）的符号相同。

方法 1：单击 D2 单元格，直接在编辑栏输入公式 "=IF(MOD(MID(C2,17,1),2),"男","女")" 即可。

方法 2：照图 4-2-7 所示步骤逐一设置，详细步骤如下：

①选中 D2 单元格，输入等号 "="，点击 fx 按钮，插入 IF 函数，打开 "IF" 函数对话框。

②在第二、三个文本框中分别输入 "男、女" 即可，如图 4-2-7 所示。

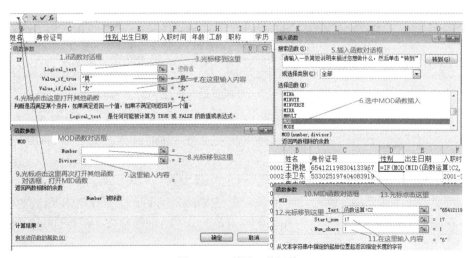

图 4-2-7　利用函数运算

③将光标移到第一个文本框中，单击编辑栏最左侧的名称框下拉按钮，在弹出的下拉列表中选择 "其他函数" 命令。

④在打开的"插入函数"对话框中选择 MOD 函数，单击"确定"命令，打开 MOD 函数的参数对话框，在 Divisor 文本框内输入 2。

⑤将光标移到 Number 文本框中，单击编辑栏最左侧的名称框下拉按钮，在弹出的下拉列表中选择"其他函数"命令。

⑥在打开的"插入函数"对话框中选择 MID 函数，单击"确定"命令，打开 MID 函数的参数对话框，分别在后两个文本框中输入"17、1"，单击"C2（身份证号）"所在单元格单击"确定"按钮。

⑦用拖动填充柄方法完成其他员工性别的自动计算。

（2）利用函数 MID 和&运算符求出出生日期信息，格式为"XXXX-XX-XX"。

方法 1：可以直接输入计算公式，单击 E2 单元格，直接在编辑栏输入公式"=MID(C2,7,4)&-MID(C2,11,2)&-MID(C2,13,2)"即可。

方法 2：照图 4-2-8 所示步骤逐一设置，详细步骤如下：

①将光标移到 E2 单元格，输入等号（=），选中 MID 函数，打开 MID 函数的参数对话框，分别在三个文本框中输入"C2、7、4"，单击"确定"按钮。

②将光标移到编辑栏，在后面输入"&-"。

③再移到左侧点击 MID 函数，再次打开 MID 函数的参数对话框，分别在三个文本框中输入"C2、11、2"，单击"确定"按钮。

④将光标移到编辑栏，在后面输入"&-"。

⑤再移到左侧点击 MID 函数，再次打开 MID 函数的参数对话框，分别在三个文本框中输入"C2、13、2"，单击"确定"按钮。

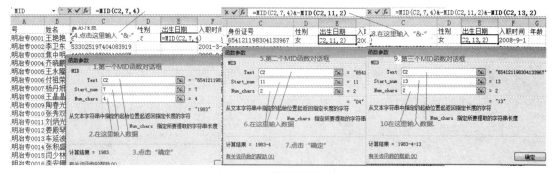

图 4-2-8　利用函数运算

（3）利用上一步已经获得的出生日期，使用 TODAY、YEAR 函数，计算出年龄。

方法 1：直接输入计算公式，单击 G2 单元格，在编辑栏输入公式"=YEAR(TODAY())-YEAR(E2)"即可。

方法 2：照图 4-2-9 所示步骤逐一设置，详细步骤如下：

①光标移到 G2 单元格，输入等号（=），选中 YEAR 函数，打开 YEAR 函数的参数对话框，光标移到文本框内，点击左上角打开下拉列表选择"其他函数"，在打开的对话框中找到"TODAY"函数，如图 4-2-9 所示。

②点击"确定"，返回当前日期，光标移到函数编辑栏，输入等号（=）。

③再点击左上角函数下拉菜单，选择"YEAR"函数，光标移到对话框的文本框中，选择 E2 单元格，如图 4-2-10 所示。

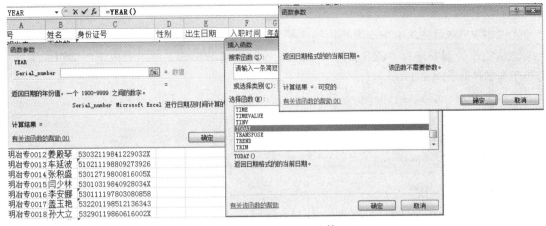

图 4-2-9　TODAY 函数

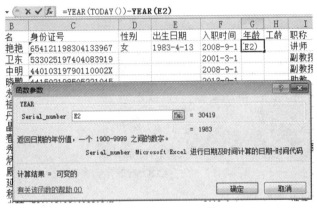

图 4-2-10　YEAR 函数

④点击"确定"按钮。

> **提示**　若结果显示异常，把单元格格式设置为"常规"即可正确显示计算结果。

（4）利用已知的参加工作时间，使用 TODAY、YEAR 函数函数，计算出工龄。

工龄的计算方法和年龄计算方式一致，计算公式为"=YEAR(TODAY())-YEAR(F2)"。依然可以采用两种方法计算。

（5）使用 COUNTA 函数统计出教职工总人数，使用 COUNTIF 函数分别统计出男、女及员工总人数。结果放置在"函数运算"工作表下的"统计表"中。

> **提示**
> 关于 COUNT、COUNTA、COUNTIF 函数的说明：
> COUNT 函数：计算参数列表中数字项的个数，COUNT()统计的为数值（即：有文本的不统计，只统计有数值的）。
> COUNTA 函数：返回参数列表中非空的单元格个数。利用 COUNTA 函数可以计算单元格区域或数组中包含数据的单元格个数。如果不需要统计逻辑值、文字或错误值，一般使用 COUNT 函数，而 COUNTA()函数统计的为非空（即：无论文本还是数值，全部统计）。
> COUNTIF 函数：是对指定区域中符合指定条件的单元格计数的函数。

● 统计男（女）员工人数

①选中 P5 单元格，单击编辑栏上的"插入函数"按钮，打开"插入函数"对话框。

②从统计类别中选择"COUNTIF"函数，设置该函数参数，单击"确定"按钮，统计出男员工人数，如图 4-2-11 所示。

③选中 P6 单元格，用同样的方法统计出女员工人数。

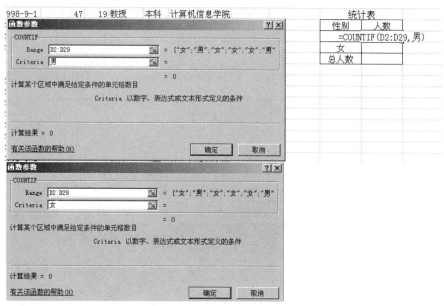

图 4-2-11　设置 COUNTIF 函数参数

● 统计教职工总人数

选中 P7 单元格，单击编辑栏上的"插入函数"按钮，打开"插入函数"对话框。从统计类别中选择"COUNTA"函数，设置该函数参数如图 4-2-12 所示。单击"确定"按钮，统计出总人数。

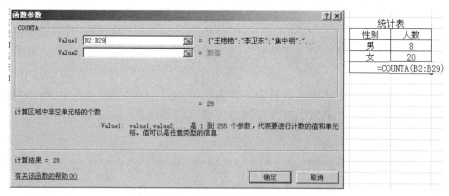

图 4-2-12　设置 COUNTA 函数参数

四、任务扩展

打开素材库中"实验 2　Excel 2010 公式和函数运用.xls"文件，使用"函数运用"工作表中数据，完成下列设置。

根据"函数运用"工作表中的"学历津贴表"和"职称津贴表"，使用 VLOOKUP 函数求出每个员工的学历津贴和职称津贴。

> VLOOKUP 函数、单元格地址的引用：绝对引用、相对引用和混合引用。
>
> VLOOKUP 函数是 Excel 中的一个纵向查找函数，是按列查找，最终返回该列所需查询列序对应的值；
>
> 该函数的语法规则如下：
>
> vlookup(lookup_value. table_array, col_index_num, range_lookup)
>
> 参数说明：
>
> lookup_value：要查找的值。
>
> table_array：要查找的区域。
>
> col_index_num：返回数据在查找区域的第几列。
>
> range_lookup：模糊匹配/精确匹配。
>
> 绝对引用：公式中的绝对单元格引用（如A1）总是在指定位置引用单元格。
>
> 相对引用：公式中的相对单元格引用（如 A1）是基于包含公式和单元格引用的单元格的相对位置。
>
> 混合引用：混合引用具有绝对列和相对行，或是绝对行和相对列。
>
> 绝对引用列采用$A1、$B1 等形式，绝对引用行采用 A$1、B$1 等形式。如果公式所在单元格的位置改变，则相对引用改变，而绝对引用不变。

实验 3　图表制作

一、实验目标

1. 掌握图表创建方法。
2. 掌握图表修改编辑方法。
3. 掌握图表格式化操作。
4. 掌握公式输入方法。

二、实验准备

1. 打开 Excel 2010。
2. 打开素材库中"实验 3　Excel 2010 图表制.xls"文件。

三、实验内容及操作步骤

1. 输入公式

按"公式输入"表中的图示，输入公式，如图 4-3-1 所示。

2．建立图表

按图 4-3-2 所示，使用股票数据创建一个股价图（开盘价-盘高-盘低-收盘图）。

1．输入公式

按"公式输入"表中的图示，输入公式，如图 4-3-1 所示。

执行"插入/对象"操作，在"对象类型"对话框中选择"Microsoft 公式 3.0"，按照公式格式选择对应的格式输入即可，如图 4-3-1 所示。

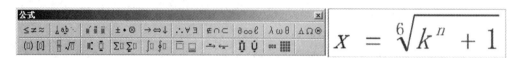

图 4-3-1　输入公式

2．建立图表

按图 4-3-2 所示，使用股票数据创建一个股价图（开盘价-盘高-盘低-收盘图）。

浦发银行股票行情				
日期	开盘价	盘高	盘低	收盘价
6	15.35	16.17	15.12	15.98
7	15.56	15.79	15.11	15.33
8	15.39	16.66	15.58	16.06
9	15.85	16.85	15.63	16.69
10	16.16	16.91	15.86	16.05
13	16.55	16.76	16.20	16.73
14	16.62	16.99	16.25	17.12
15	16.95	17.19	16.48	16.72
16	16.87	17.06	16.74	16.78
17	16.77	16.92	16.51	16.88

图 4-3-2　建立图表

（1）选择"开盘价、盘高、盘低、收盘价"数据。

（2）打开"插入"选项卡单击"图表"组右下角小箭头，打开"插入图表"对话框，选择"股价图"中的第二项（开盘-盘高-盘低-收盘图），如图 4-3-3 所示。

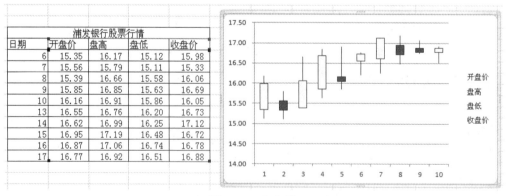

图 4-3-3　股价图

（3）双击图表边框，按照图 4-3-4 所示，设置图表边框为"白色、背景 1、深色 35%"的纯色填充。

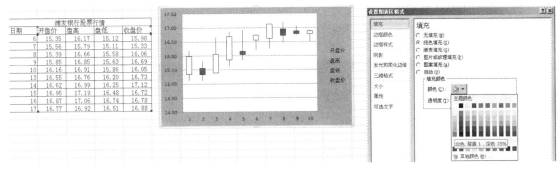

图 4-3-4　填充图表

（4）双击"股价涨柱 1"，把上涨股价 K 线设置为红色纯色填充。同样的办法把下跌股价K 线设置为绿色纯色填充。

（5）双击中间空白背景区域，改为渐变填充，预设颜色为"心如止水"，类型为线性，如图 4-3-5 所示。

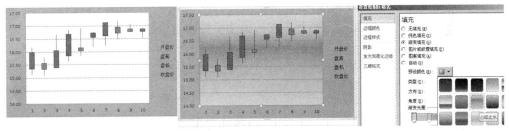

图 4-3-5　设置渐变填充

（6）双击文字边框，将填充设置为无填充，边框颜色设置为实线红色填充。

四、任务扩展

按图 4-3-6 所示，使用 Sheet3 工作表中的数据，选用"城市""食品"和"服装"三列数据创建一个三维柱形图。

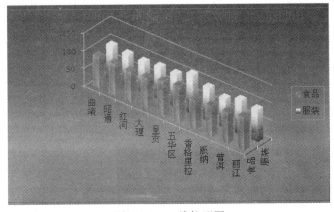

图 4-3-6　三维柱形图

实验 4　数据分析管理

一、实验目标

1．掌握数据排序、数据筛选方法。
2．掌握数据分类汇总、合并计算方法。
3．掌握数据透视表、数据透视图生成方法。

二、实验准备

1．打开 Excel 2010。
2．打开素材库中"实验 4　Excel 2010 数据分析管理.xls"文件。

三、实验内容及操作步骤

1．数据排序
使用 Sheet1 工作表中的数据，以"语文"为主关键字递增方式排序，以"数学"为次关键字递减方式排序。
2．数据筛选
使用 Sheeet2 工作表中的数据，筛选出"语文"大于 75 分且"英语"大于 80 分的记录。
3．数据合并计算
使用 Sheet3 工作表中的数据，在"课程安排统计表"中进行"求和"合并计算。
4．数据分类汇总
使用 Sheet4 工作表中的数据，以"课程名称"为分类字段，将"人数"和"课时"进行"求和"分类汇总。
5．建立数据透视表
使用"数据源"工作表中的数据，以"课程名称"和"授课班级"为分页，以"姓名"为列字段，以"课时"为求和项，从 Sheet6 工作表的 A6 单元格起，建立数据透视表。

1．数据排序
使用 Sheet1 工作表中的数据，以"语文"为主关键字递增方式排序，以"数学"为次关键字递减方式排序。
（1）选择整个表格，执行"开始"选项卡/"排序和筛选"组/"自定义排序"命令，打开"排序"对话框，如图 4-4-1 所示设置。
（2）从"主要关键字"下拉列表框中选择"语文"，将次序选择为"升序"。
（3）单击"添加条件"按钮，添加"数学"为次要关键字，设置为"降序"，点击"确定"按钮。

图 4-4-1　排序

2. 数据筛选

使用 Sheet2 工作表中的数据，筛选出"语文"大于 75 分且"英语"大于 80 分的记录。

（1）选择整个表格，执行"开始"选项卡/"排序和筛选"组/"筛选"命令，这时所有表头字段下方出现一个下拉小箭头，如图 4-4-2 所示。

图 4-4-2　数据筛选

（2）单击下拉箭头，选择"数字筛选"/"大于"命令，在打开的对话框中填写大于的值为"75"即可，如图 4-4-2 所示。

（3）用同样的方法设置英语字段筛选，如图 4-4-2 所示。

3. 数据合并计算

使用 Sheet3 工作表中的数据，在"课程安排统计表"中进行"求和"合并计算。

（1）选择数据存放区域（"课程安排统计表"的有底色区域），如图 4-4-3 所示。

（2）执行"数据"选项卡/"合并计算"命令，打开"合并计算"对话框，如图 4-4-3 所示。

（3）从"函数"下拉列表框中选择"求和"。

（4）单击"引用位置"后面的扩展按钮。

（5）选择"课程名称、人数、课时"三项全部数据（注意，表头文字不要选择）。

（6）点击"添加"按钮。

（7）并勾选"最左列"复选框，点击"确定"按钮。

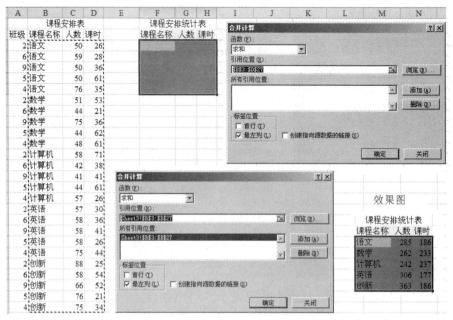

图 4-4-3　合并计算

4. 数据分类汇总

使用 Sheet4 工作表中的数据，以"课程名称"为分类字段，将"人数"和"课时"进行"求和"分类汇总。

（1）选择整张表格数据（表头字段要选，标题不选）。

（2）执行"数据"选项卡/"分类汇总"命令，打开"分类汇总"对话框，如图4-4-4所示。

（3）选择分类字段为"课程名称"，汇总方式为"求和"，汇总项为"人数"和"课时"，如图4-4-4所示。

图 4-4-4　分类汇总

5. 建立数据透视表

使用"数据源"工作表中的数据，以"课程名称"和"授课班级"为分页，以"姓名"为列字段，以"课时"为求和项，从 Sheet6 工作表的 A6 单元格起，建立数据透视表。

（1）选择 Sheet6 工作表的 A6 单元格。

（2）执行"插入"选项卡/"数据透视表"命令。

（3）打开"创建数据透视表"对话框，如图 4-4-5 所示。

图 4-4-5　创建数据透视表

（4）选择"选择一个表或区域"单选按钮，单击"表/区域"右侧的扩展按钮。

（5）打开"数据源"工作表。

（6）选择数据源表中全部数据。

（7）点击"确定"按钮。

（8）Sheet6 工作表中弹出如图 4-4-6 所示任务窗格。

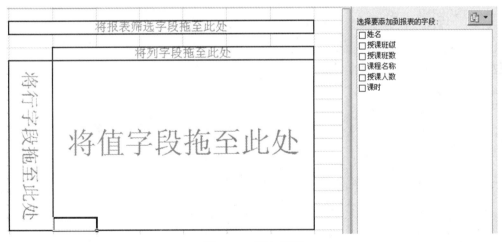

图 4-4-6　添加字段

（9）分别将图表右侧的"课程名称"和"授课班级"字段拖到图 4-4-6 所示的"将报表筛选字段拖至此处"位置。

（10）将图表右侧的"姓名"字段拖到图 4-4-6 所示的"将列字段拖至此处"位置。

（11）将图表右侧的"课时"字段拖到图 4-4-6 所示的"将值字段拖至此处"位置。结果如图 4-4-7 所示。

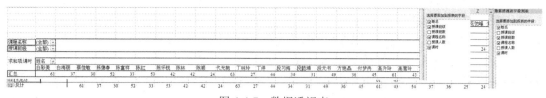

图 4-4-7　数据透视表

四、任务扩展

1. 数据排序：使用 Sheet7 工作表中的数据，以"概率"为主关键字，利润为次关键字，均以递增方式排序。

2. 数据筛选：使用 Sheeet8 工作表中的数据，筛选出表格中"市场情况"为"一般"的各行。

3. 数据合并计算：使用 Sheet9 工作表中的数据，在"成绩分析"表中进行"均值"合并计算。

4. 数据分类汇总：使用 Sheet10 工作表中的数据，以"方案"为分类字段，将"概率"和"利润"进行"最小值"分类汇总。

5. 建立数据透视表：使用"数据源2"工作表中的数据，以"ZKZH""XB""NL""XL"为分页项，以"XM"为行字段，以"ZCJ"为列字段，以"CI"~"C8"为均值项，从 Sheet12 工作表的 A3 单元格起，建立数据透视表。

实验 5　高级应用

一、实验目标

1. 了解 Excel 2010 网页数据导入。
2. 了解 Excel 2010 宏功能简单应用。

二、实验准备

1. 打开 Excel 2010。
2. 打开素材库中"实验 5　Excel 2010 高级应用.xls"文件。

三、实验内容及操作步骤

1. Excel 2010 网页数据导入

使用 Excel 2010 网页数据导入功能，自选网址，导入网页数据。

2. Excel 2010 宏功能简单应用

（1）使用 Excel 2010 宏功能创建一个宏按钮，并使其运行窗体分别展示文字为"您好，欢迎使用宏"和"您好，恭喜您成功了"。

（2）使用 Excel 2010 宏功能简单应用录制单元格格式：

● 　将单元格格式设置为大于 85。

● 　将格式字体设置为红色加粗；填充设置为灰度 25%的绿色。

● 　选择所有工作表中各班级的总成绩数据，执行宏，对选中单元格数据进行批量操作。

操作步骤

1. Excel 2010 网页数据导入

（1）选择一张空白的工作表 Sheet1。

（2）执行"数据"选项卡/"自网站"命令。

（3）打开如图 4-5-1 所示对话框。

图 4-5-1　"Web 查询选项"对话框

（4）在地址栏输入网址。

（5）点击地址栏右侧的"转到"按钮。

（6）点击地址栏最右侧的"选项"按钮，打开"选项"对话框。

（7）根据导入需要选择相关项并点击"确定"按钮。

（8）点击"导入"按钮，完成导入。

2. Excel 2010 宏功能简单应用之表单运用

（1）选择一张空白的工作表 Sheet2。

（2）在快速访问工具栏点击鼠标右键，弹出如图 4-5-2 所示快捷菜单。

（3）点击快捷菜单中的"自定义功能区"。

（4）在打开的"Excel 选项"对话框的"自定义功能区"选项卡中，勾选"自定义功能区（B）"列表框的"开发工具"选项，点击"确定"之后，"开发工具"选项就显示在快速访问工具栏中，如图 4-5-2 所示。

（5）单击"开发工具"选项卡，在"控件"组中选择"插入"，在显示出的"表单控件"下拉列表中选择"按钮"，如图 4-5-3 所示。此时鼠标变为小十字形状，按住鼠标左键绘制一个小框。

图 4-5-2   "Excel 选项"对话框

图 4-5-3   设计宏

（6）在弹出的对话框中单击"新建"，点击"确定"，如图 4-5-3 所示。

（7）此时弹出代码编辑区，在光标处写上相应代码"MsgBox("您好，恭喜您成功了")"，执行"文件/保存数据录入"命令，退出，回到工作表。

（8）这时候用鼠标点击按钮，就弹出图 4-5-3 所示对话框。

（9）用同样的方法可以再制作一个按钮。

3. Excel 2010 宏功能简单应用之单元格格式设置

（1）打开素材库中"实验 5   Excel 2010 高级应用.xls"文件，打开工作簿"机械 1621"。

（2）如果"开发工具"选项卡没有打开，则按上述操作，打开"开发工具"选项卡。

（3）点击"开发工具"选项卡/"代码"组/"录制宏"命令，打开如图 4-5-4 所示"录制新宏"对话框，将宏名改为"设置单元格"。快捷键设置为"Ctrl+t（注意，快捷键设置不能和操作系统常用快捷键冲突，且必须用英文）"；"保存在"下拉列表框选择"当前工作簿"。点击"确定"，开始录制新宏。

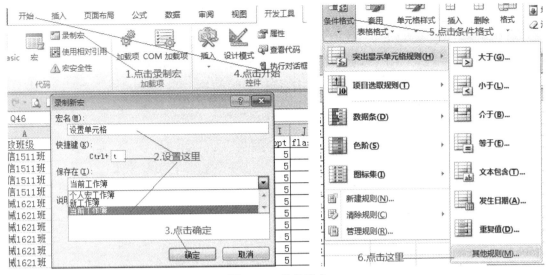

图 4-5-4 条件格式

（4）点击"开始"选项卡/"条件格式"/"突出显示单元格规则"/"其他规则"。

（5）弹出图 4-5-5 所示对话框，将单元格值设置为大于 85。

（6）点击"格式"按钮，弹出"设置单元格格式"对话框，如图 4-5-5 所示。

（7）将格式字体设置为红色加粗；填充设置为灰度 25%的绿色，如图 4-5-5 所示。

图 4-5-5 设置单元格格式

（8）点击"确定"按钮，回到"开发工具"选项卡，在"代码"组点击"停止录制"，完成宏的录制，如图 4-5-6 所示。

图 4-5-6 "开发工具"选项卡

（9）选择工作表中的总成绩列数据，按 Ctrl+T 快捷键执行宏，从而进行对选中单元格数据的批量设置工作。

四、任务扩展

1. 试用 Excel 2010 网页数据导入方法导入网页数据，网站自选。

2. 试用宏录制方法录制单元格样式，格式自由设置。

3. 试用宏录制方法录制组合框、列表框宏，内容自由设置。

第5章 演示文稿制作软件 PowerPoint 2010

实验 1 PowerPoint 演示文稿创建与编辑

一、实验目标

1. 掌握演示文稿创建与编辑。
2. 掌握演示文稿的文本、常用对象及音影文件的插入方法。
3. 掌握演示文稿中建立超链接的方法。

二、实验准备

1. 中文 Windows 7 操作系统。
2. 中文 PowerPoint 2010 应用软件。

三、实验内容及操作步骤

1. 演示文稿的创建与编辑。
2. 演示文稿常用对象的添加与编辑。
3. 掌握演示文稿中建立超链接的方法。

我们将创建一个新演示文稿"我的演示文稿.pptx",在本章后面的内容中,将以此文稿为蓝图,进行 PowerPoint 2010 的学习。

1. 演示文稿的创建与编辑

(1)新建演示文稿

单击"文件"选项卡,然后单击"新建",选择"空白演示文稿",单击"创建"按钮,保存为"我的演示文稿.pptx"。

(2)插入新幻灯片

新建的演示文稿已经包含一张幻灯片,默认版式为"标题幻灯片"。要插入一张新幻灯片,操作步骤如下:单击"开始"选项卡,在"幻灯片"组中选择"新建幻灯片"命令,即可新增一张空白幻灯片,如图 5-1-1 所示。

图 5-1-1　插入幻灯片

　　　　按 Ctrl+M 组合键，也可快速添加一张空白幻灯片；在普通视图下，将鼠标放在左侧的窗格中，然后按下回车键，同样可以快速插入一张新的空白幻灯片。
　　　　在 PowerPoint 2010 的普通视图、备注页和幻灯片浏览视图中都可以创建一张新的幻灯片。在普通视图中创建的新幻灯片将排列在当前正在编辑的幻灯片的后面；在幻灯片浏览视图中增加新的幻灯片时，其位置将在当前光标或当前所选幻灯片的后面。

（3）幻灯片的复制

①先选择要复制的幻灯片，然后单击"开始"选项卡，选择"剪贴板"组中的"复制"命令，或用快捷键 Ctrl+C。

②移动光标至目标位置，单击"开始"选项卡，选择"剪贴板"组中的"粘贴"命令，或用快捷键 Ctrl+V，幻灯片副本即被复制到光标所在幻灯片的后面。

（4）幻灯片的移动、删除

在幻灯片浏览视图中，选择要移动的幻灯片，用鼠标拖动该幻灯片到目标位置。

在幻灯片浏览视图中，选定要被删除的幻灯片，按 Delete 键可删除该幻灯片。

提示　　可以同时选择多张幻灯片进行复制、移动、删除等操作。

2. 演示文稿常用对象的添加与编辑

在本部分内容中，将讲述演示文稿中文本、形状、图片、艺术字、图表、SmartArt、音频、视频等对象的使用。

（1）在幻灯片中输入文本

● 　直接向占位符中输入文本或者插入对象。

● 使用文本框输入文本：如果要在占位符之外的其他位置输入文本，可以在幻灯片中插入文本框。单击"插入"选项卡，选择"文本"组的"文本框"命令，选择横排或竖排文本框，接着在幻灯片上的合适位置拖动鼠标以放置文本框，如图 5-1-2 所示。

图 5-1-2　插入文本框

（2）插入形状

单击"开始"选项卡，选择"绘图"组中的"形状"，先选择所需形状，接着在幻灯片上的合适位置拖动鼠标以放置您的形状，如图 5-1-3 所示。

图 5-1-3　插入形状

形状是系统预先定义好的一些图形，可以用来绘制流程图、关系图等，如图 5-1-4 所示。

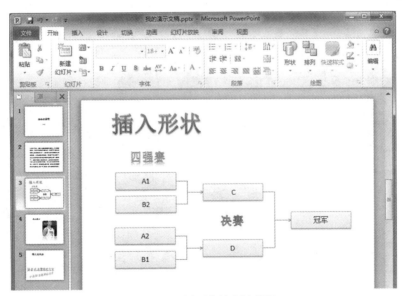

图 5-1-4　用形状绘制流程图

（3）插入图片

● 从剪贴画库中插入图片：单击"插入"选项卡，在"图像"组选择"剪贴画"，打开"剪贴画"任务窗格，在搜索出的结果中选择一个类别，插入图片，如图 5-1-5 所示。

图 5-1-5 "剪贴画"任务窗格

● 通过文件插入图片：单击"插入"选项卡，选择"图像"组中的"图片"命令，打开"插入图片"对话框。定位到需插入图片所在的文件夹，选中相应的图片文档，然后单击"插入"按钮，即将图片插入到幻灯片中。拖动图片四周控制点可调整图片的大小，拖动图片可将其定位在幻灯片的合适位置，如图 5-1-6 所示。

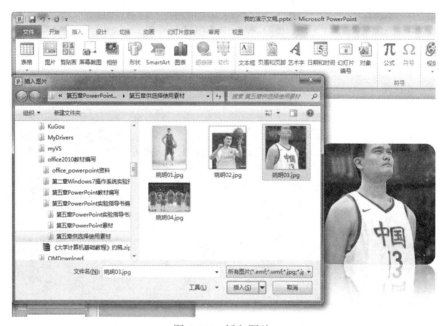

图 5-1-6 插入图片

选中要设置格式的图片后，可以通过"格式"选项卡，也可以右击图片，在弹出的快捷菜单中选择"设置图片格式"命令，打开"设置图片格式"对话框，在其中对图片的格式进行设置。

也可以双击图片，在出现的"图片工具/格式"选项卡上，选择需要的图片样式。

（4）插入艺术字

单击"插入"选项卡，在"文本"组中选择"艺术字"，单击所需艺术字样式。然后将出现"请在此放置您的文字"提示，输入需要做成艺术字的文字，如改成"中国职业篮球运动员"，如图 5-1-7 所示。

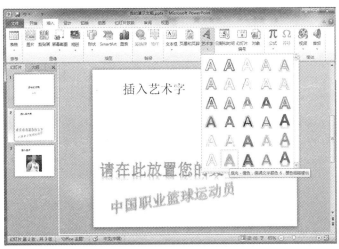

图 5-1-7　插入艺术字

提示　　选择艺术字，单击"格式"选项卡，选择"艺术字样式"，可对艺术字的样式进行编辑。要删除艺术字时，先选择要删除的艺术字，然后按 Delete 键。

（5）插入图表

单击"插入"选项卡，在"插图"组中选择"图表"命令，在"插入图表"对话框中，单击箭头滚动查看图表类型。选择所需图表的类型，例如选择"三维簇状柱形图"，然后单击"确定"按钮，如图 5-1-8 所示。

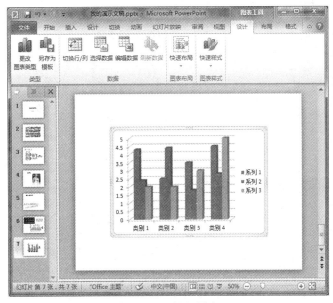

图 5-1-8　插入图表

● 编辑图表数据。对已存在的图表，在图表上单击右键，选择"编辑数据…"，自动进入 Excel，即可编辑所需数据，如图 5-1-9 所示。

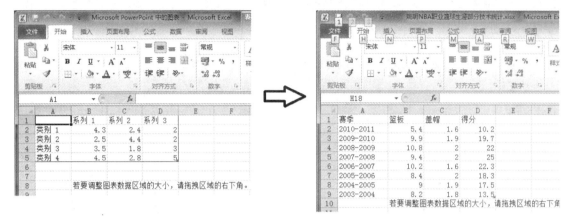

图 5-1-9　编辑图表数据

● 编辑完成后，关闭 Excel，即得到更新了数据的所需图表。如果需要，也可将 Excel 中的数据表复制到幻灯片中，如图 5-1-10 所示。

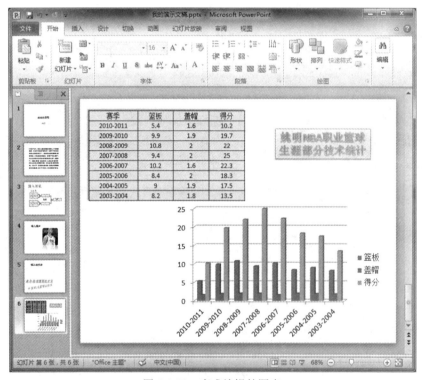

图 5-1-10　完成编辑的图表

（6）插入 SmartArt

①在"插入"选项卡的"插图"组中单击"SmartArt"。在"选择 SmartArt 图形"对话框中，单击所需的类型和布局，再单击"确定"按钮，如图 5-1-11 所示。

②单击"在此处键入文字"窗格中的"[文本]"，然后键入或粘贴文本，如图 5-1-12 所示。

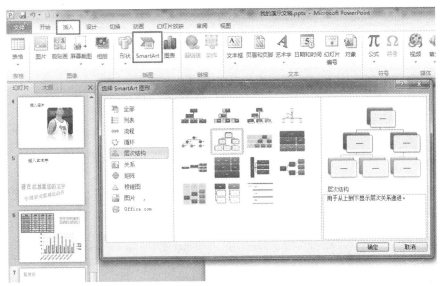

图 5-1-11　插入 SmartArt

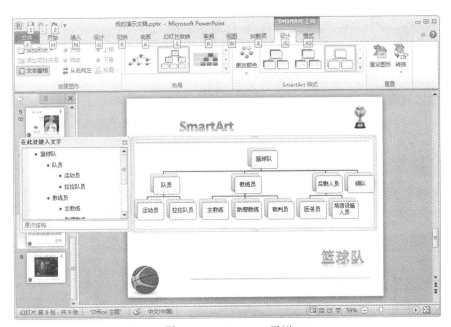

图 5-1-12　SmartArt 示例

　　如果看不到"SmartArt 工具"或"设计"选项卡，请确保已选择一个 SmartArt 图形，可能必须双击 SmartArt 图形才能打开"设计"选项卡。

　　若要从"文本"窗格中添加形状，请单击现有窗格，将光标移至文本之前或之后要添加形状的位置，然后按 Enter 键。

　　若要在所选形状之后插入一个形状，请右击所选形状，在快捷菜单中单击"添加形状（A）"→"在后面添加形状（A）"；若要在所选形状之前插入一个形状，则单击"在前面添加形状（A）"。

　　若要从 SmartArt 图形中删除形状，请单击要删除的形状，然后按 Delete 键；若要删除整个 SmartArt 图形，请单击 SmartArt 图形的边框，然后按 Delete 键。

提示

（7）插入音频

在当前幻灯片插入音频可以采用插入文件中的音频、剪贴画音频、录制音频几种方式。

单击"插入"选项卡，在"媒体"组选择"音频"→"文件中的音频"命令，找到包含所需文件的文件夹，然后双击要添加的文件，所需音频即插入完成。插入音频文件后，可以设置音频剪辑的播放选项，如图 5-1-13 所示。

图 5-1-13　插入文件中的音频

（8）插入视频

在演示文稿选定的幻灯片中添加视频，执行下列操作：单击"插入"选项卡，在"媒体"组选择"视频"→"文件中的视频"命令，在打开的"插入视频文件"对话框中，找到并单击要插入的视频文件，然后单击"插入"按钮，如图 5-1-14 所示。

图 5-1-14　插入视频文件

3. 掌握演示文稿建立超链接的方法

在 PowerPoint 中，超链接可以是从一张幻灯片到同一演示文稿中另一张幻灯片的链接，也可以是从一张幻灯片到不同演示文稿中另一张幻灯片、电子邮件地址、网页或文件的链接。

提示　可以从文本或对象（如图片、图形、形状或艺术字等）创建超链接。

（1）链接到同文档中的幻灯片

在普通视图中，选择要用作超链接的文本或对象。单击"插入"选项卡，在"链接"组选择"超链接"。在"插入超链接"对话框的"链接到"下，单击"本文档中的位置"，选择要建立超链接的目标幻灯片，单击"确定"按钮，完成超链接，如图 5-1-15 所示。

图 5-1-15　链接到同文档中的幻灯片

（2）链接到不同演示文稿中的幻灯片

在普通视图中，选择要用作超链接的文本或对象。单击"插入"选项卡，在"链接"组选择"超链接"。在"插入超链接"对话框的"链接到"下，单击"现有文件或网页"。找到包含要链接到的幻灯片的演示文稿。单击"书签"，然后单击要链接到的目标幻灯片的标题，单击"确定"按钮，完成超链接，如图 5-1-16 所示。

图 5-1-16   链接到不同演示文稿中的幻灯片

（3）建立到网页的超链接

在普通视图中，选择要用作超链接的文本或对象。单击"插入"选项卡，在"链接"组选择"超链接"命令，在"插入超链接"对话框的"链接到"下单击"现有文件或网页（X）"，在"地址"输入框中输入希望建立超链接的网址，如"https://m.chian.nba.com"，单击"确定"按钮，完成超链接，如图 5-1-17 所示。

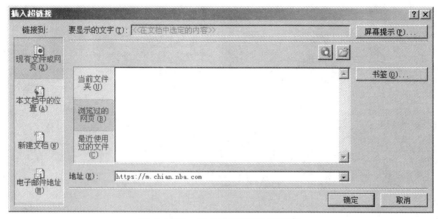

图 5-1-17   建立到网页的超链接

（4）建立到文件的超链接

在普通视图中，选择要用作超链接的文本或对象。单击"插入"选项卡，在"链接"组选择"超链接"。在"插入超链接"对话框的"链接到"下，单击"现有文件或网页"。找到要链接到的文件，单击"确定"按钮，完成超链接，如图 5-1-18 所示。

图 5-1-18 建立到文件的超链接

实验 2 PowerPoint 演示文稿布局与修改

一、实验目标

1. 掌握演示文稿主题和背景的设置方法。
2. 掌握演示文稿母版设计与自定义模板的使用。

二、实验准备

1. 中文 Windows 7 操作系统。
2. 中文 PowerPoint 2010 应用软件。

三、实验内容及操作步骤

1. 设置演示文稿的主题与背景。
2. 演示文稿母版设计与模板的使用。

1. 设置演示文稿的主题与背景

（1）设置演示文稿的主题

默认情况下，PowerPoint 会将普通 Office 主题应用于新的空演示文稿。若要将不同的主题应用于演示文稿，可执行以下操作：单击"设计"选项卡，在"主题"组中单击要应用的文档主题，即完成主题设置，如图 5-2-1 所示。

 提示　　将指针停留在该主题的缩略图上，可以预览应用了特定主题的当前幻灯片的外观。在要应用的主题上单击右键，可以确定将选定的主题应用于全部或部分幻灯片。若要查看更多主题，可以在"设计"选项卡上的"主题"组中，单击"其他" ⬇ 小箭头。

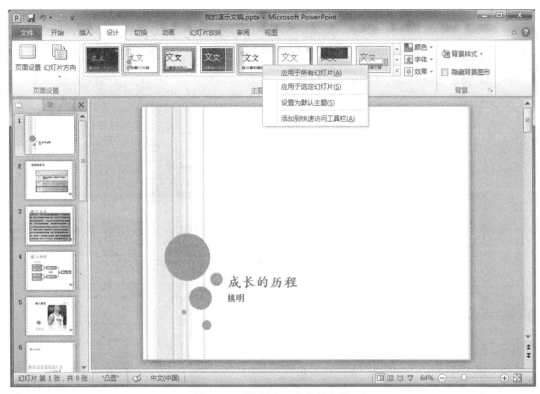

图 5-2-1　设置演示文稿的主题

（2）设置演示文稿的背景

在内置主题中，背景样式库的首行总是使用纯色填充。要访问背景样式库，可以执行以下操作，单击"设计"选项卡，在"背景"组选择"背景样式"，选取所需背景样式，即可应用到幻灯片，如图 5-2-2 所示。

图 5-2-2　设置幻灯片的背景样式

可以采用纯色、渐变色作为幻灯片背景，或者采用图案填充，也可以使用图片作为幻灯片背景。单击"设计"选项卡，在"背景"组选择"背景样式"→"设置幻灯片背景…"，打开"设置背景格式"对话框，对背景格式进行设置，如图 5-2-3 所示。

图 5-2-3　"设置背景格式"对话框

2. 演示文稿母版设计与模板的使用

每个演示文稿至少包含一个幻灯片母版。修改和使用幻灯片母版的主要优点是可以对演示文稿中的每张幻灯片（包括以后添加到演示文稿中的幻灯片）进行统一的样式更改。使用幻灯片母版时，由于无需在多张幻灯片上键入相同的信息，因此节省了时间。

（1）创建或自定义幻灯片母版

对幻灯片母版，可以进行创建版式、自定义现有版式、添加或修改版式中的占位符等操作。在演示文稿中，要创建或自定义幻灯片母版，执行以下操作：在"视图"选项卡的"母版视图"组中选择"幻灯片母版"，打开"幻灯片母版"视图，这时会显示一个具有默认相关版式的空幻灯片母版，如图 5-2-4 所示。

> **提示**　可以对幻灯片母版进行设计或主题修改，添加演示文稿幻灯片共有的对象，删除不需要的对象（母版中的对象将在应用了该母版的每一张幻灯片中出现）。另外，在一个演示文稿中可以对不同的幻灯片应用不同的主题。

（2）保存、关闭幻灯片母版

● 将幻灯片母版保存为模板。单击"文件"选项卡，选择"另存为"。在打开的"另存为"对话框的"文件名"文本框中，键入文件名（如"我的自定义主题.potx"），在"保存类型"下拉列表中选择"PowerPoint 模板（*.potx）"，然后单击"保存"，如图 5-2-5 所示。

● 在"幻灯片母版"选项卡上的"关闭"组中，单击"关闭母版视图"，结束幻灯片母版的编辑与设计。

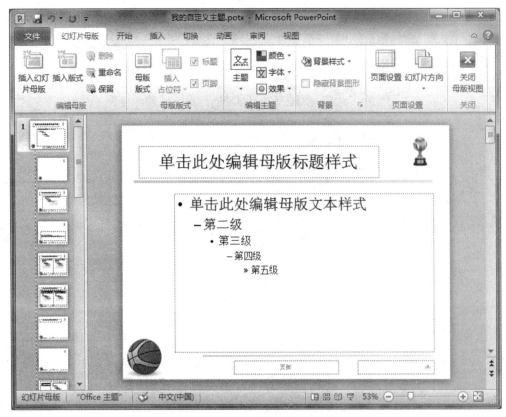

图 5-2-4　创建、编辑幻灯片母版

图 5-2-5　将自定义母版保存为模板

（3）应用自定义模板

如果需要在新建的演示文稿中应用已保存的自定义模板，可单击"文件"选项卡，选择"新建"。在"可用的模板和主题"下，单击"我的模板"，在打开的"新建演示文稿"对话框中，单击所需的模板（如"我的自定义主题.potx"），然后单击"确定"按钮，如图 5-2-6 所示。

图 5-2-6 应用自定义模板

实验 3 PowerPoint 演示文稿交互效果设置

一、实验目标

1. 掌握幻灯片对象动画效果设置。
2. 掌握幻灯片的切换设置。
3. 掌握幻灯片的放映设置。
4. 了解演示文稿的打包输出、打印。

二、实验准备

1. 中文 Windows 7 操作系统。
2. 中文 PowerPoint 2010 应用软件。

三、实验内容及操作步骤

1. 幻灯片对象动画效果设置。
2. 幻灯片的切换设置。
3. 幻灯片的放映设置。
4. 演示文稿的打包输出、打印。

1. 幻灯片对象动画效果设置

向幻灯片对象添加动画效果，可按以下方法操作：

（1）选择要添加动画效果的对象，单击"动画"选项卡，在"动画"组中选择动画效果，如果需要更多供选择的动画效果，单击"其他"按钮 ⬇️ ，然后选择所需的动画效果，如图 5-3-1 所示。

图 5-3-1　为对象添加动画效果

　　若要在添加一个或多个动画效果后验证它们是否起作用，可以在"动画"选项卡的"预览"组中单击"预览"。

（2）用同样的方法对其他对象添加动画效果。

2. 幻灯片的切换设置

幻灯片的切换效果是在演示期间从一张幻灯片移到下一张幻灯片时，在"幻灯片放映"视图中出现的动画效果。我们可以控制切换效果的速度，添加声音，甚至还可以对切换效果的属性进行自定义，以丰富其过渡效果。为演示文稿设置切换效果，可按下述方法操作：单击"切换"选项卡，在"切换到此幻灯片"组中单击要应用于该幻灯片的幻灯片切换效果。若要查看更多切换效果，单击"其他"按钮 ，通过"预览"可以查看幻灯片的切换效果，如图 5-3-2 所示。

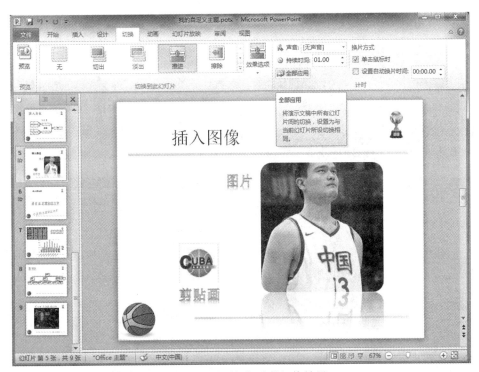

图 5-3-2　设置幻灯片的切换效果

提示　　若要向演示文稿中的所有幻灯片应用相同的幻灯片切换效果：先执行以上操作，然后在"切换"选项卡的"计时"组中单击"全部应用"。

3. 幻灯片的放映设置

设置幻灯片放映方式，执行以下操作：单击"幻灯片放映"选项卡，在"设置"组中单击"设置幻灯片放映"命令，打开"设置放映方式"对话框。选择一种"放映类型"（如"观众自行浏览"），确定"放映幻灯片"范围，设置好"放映选项"（如"循环放映，按 ESC 键终止"等）。再根据需要设置好其他选项，单击"确定"按钮即可，如图 5-3-3 所示。

4. 演示文稿的打包输出、打印

（1）演示文稿的打包输出

PowerPoint 2010 支持多种文件格式，以满足不同的应用场合需要。

● 保存演示文稿为自动放映格式。

①单击"文件"选项卡，依次单击"保存并发送"→单击"更改文件类型"→双击"PowerPoint 放映（*.ppsx）"，如图 5-3-4 所示。

图 5-3-3　设置幻灯片演示文稿的放映方式

图 5-3-4　保存演示文稿为自动放映类型文件

②在"另存为"对话框中选择保存位置，在"文件名（N）"文本框中输入文件名（如"我的演示文稿.ppsx"），单击"保存（S）"按钮，完成保存，如图 5-3-5 所示。

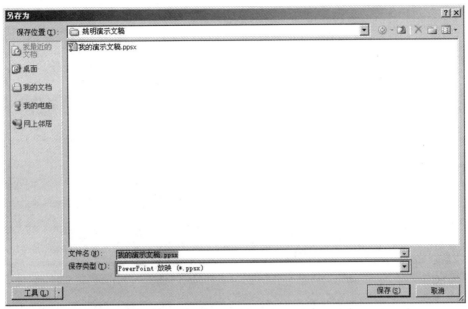

图 5-3-5　保存为自动放映类型文件的"另存为"对话框

● 将演示文稿打包成 CD。
①打开要复制的演示文稿，如果正在处理尚未保存的新演示文稿，先保存该演示文稿。
②单击"文件"选项卡，依次单击"保存并发送"→单击"将演示文稿打包成 CD"→单击"打包成 CD"，如图 5-3-6 所示。

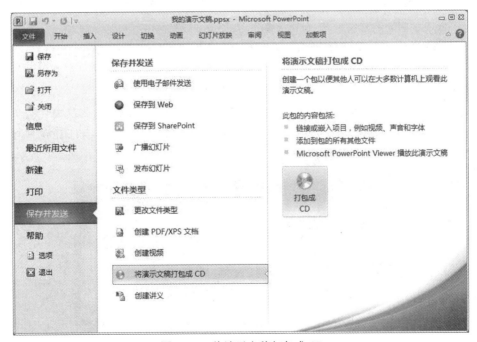

图 5-3-6　将演示文稿打包成 CD

③在"将 CD 命名为"文本框中输入 CD 名称。若要添加演示文稿，在"打包成 CD"对话框中单击"添加（A）…"按钮，然后在"添加文件"对话框中选择要添加的演示文稿，最后单击"添加"。对需要添加的每个演示文稿重复此步骤。如果要在包中添加其他相关的非 PowerPoint 文件，也可以重复此步骤，如图 5-3-7 所示。

④单击"打包成 CD"对话框上的"选项"按钮，在"选项"对话框的"包含这些文件"下勾选一项或两项操作，单击"确定"按钮，关闭"选项"对话框，如图 5-3-8 所示。

图 5-3-7　"打包成 CD"对话框

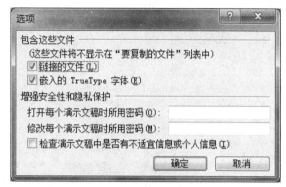

图 5-3-8　"选项"对话框

⑤以上操作完成后，准备好空白光盘放到刻录光驱，单击"复制到 CD（C）"按钮，就可以将结果打包到 CD 上。

> **提示**　如果希望将打包的结果保存到本地磁盘或目前更常用的诸如移动硬盘、U 盘等存储设备上，可以单击"复制到文件夹（F）…"按钮，在打开的对话框中输入"打包名称"，选择保存位置，然后单击"确定"按钮，系统就会把演示文稿和演示文稿所链接的文件一起复制到所选的保存位置。

（2）演示文稿的打印

首先，设置幻灯片大小、页面方向和起始幻灯片编号，执行以下操作：

①单击"设计"选项卡，在"页面设置"组单击"页面设置"，打开"页面设置"对话框，在"幻灯片大小"下拉列表中，选择要打印的纸张的大小。

②要为幻灯片设置页面方向，在"方向"下的"幻灯片"中，单击"横向"或"纵向"。

③在"幻灯片编号起始值"框中，输入要在第一张幻灯片或讲义上打印的编号，随后的幻灯片编号会在此编号基础上递增，如图 5-3-9 所示。

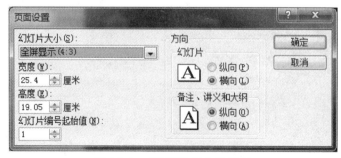

图 5-3-9　"页面设置"对话框

然后，设置打印选项，如图 5-3-10 所示。执行以下操作：

①单击"文件"选项卡，选择"打印"。

②在"份数"框中，输入要打印的副本数；在"打印机"下，选择要使用的打印机，并可对打印机属性进行设置。

③在"设置"下，根据需要选择"打印全部幻灯片""打印所选幻灯片""打印当前幻灯片""自定义范围"。

④在"整页幻灯片"下，可以选择以讲义格式在一页上打印一张或多张幻灯片，以及进行"幻灯片加框""根据纸张调整大小""高质量"等选项的设置。

还可以根据需要，进行"颜色""调整""编辑页眉和页脚"等操作。所有选项设置完毕，准备好打印机，单击"打印"按钮，即可打印演示文稿。

图 5-3-10　设置打印选项

第6章 数据库管理系统 Access 2010

实验 Access 2010 综合案例——学生宿舍管理数据库

一、实验目标

1. 理解关系数据库设计方法。
2. 熟练使用 Access 2010 创建数据库。
3. 熟练掌握 Access 2010 表对象和表关联的基本创建方法。
4. 熟练掌握 Access 2010 查询对象设计方法。
5. 熟练使用 Access 2010 创建报表。
6. 熟练使用 Access 2010 创建窗体。

二、实验准备

1. 规划功能结构图（见图 6-1-1）

学生宿舍管理数据库主要实现宿舍安排，宿舍分配情况查询，宿舍人数查询，学院涉及寝室报表预览等功能。

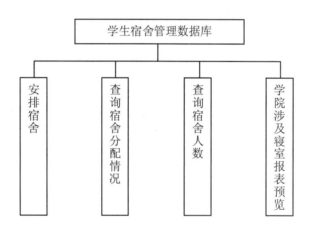

图 6-1-1 功能结构图

2. 绘制数据库 E-R 图（见图 6-1-2）
3. 将 E-R 图转换为关系模式

寝室（<u>楼号</u>，<u>寝室号</u>，居住性别，床位数）

学生（<u>学号</u>，姓名，性别，所属学院，所属班级）

住宿（<u>学号</u>，楼号，寝室号）

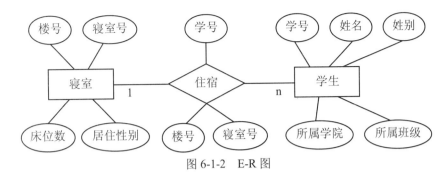

图 6-1-2　E-R 图

4. 设计关系表（见表 6-1-1 至表 6-1-3）

表 6-1-1　寝室表结构

序号	字段名	数据类型	字段大小	必需	允许空字符串	是否为主键
1	楼号	文本	2	是	否	是
2	寝室号	文本	10	是	否	是
3	居住性别	文本	2	是	否	
4	床位数	数字	整型	是	否	

表 6-1-2　学生表结构

序号	字段名	数据类型	字段大小	必需	允许空字符串	是否为主键
1	学号	文本	16	是	否	是
2	姓名	文本	10	是	否	
3	性别	文本	2	是	否	
4	所属学院	文本	24	是	否	
5	所属班级	文本	24	是	否	

表 6-1-3　住宿表结构

序号	字段名	数据类型	字段大小	必需	允许空字符串	是否为主键
1	学号	文本	16	是	否	是
2	楼号	文本	2	是	否	是
3	寝室号	文本	10	是	否	是

三、实验内容及操作步骤

　实验内容

1. 启动 Access 2010。
2. 创建空数据库。
3. 创建表。
4. 创建表间关联。

5．输入表数据。

6．创建查询——学生住宿分配信息查询。

7．创建汇总查询——各宿舍人数统计。

8．用向导创建查询——学院涉及寝室。

9．创建报表。

 操作步骤

1．启动 Access 2010

单击"开始"/"所有程序"/"Microsoft Office"/"Microsoft Access 2010"。启动 Access 2010 后，即进入 Access Backstage 视图——Access 的后台视图，如图 6-1-3 所示。

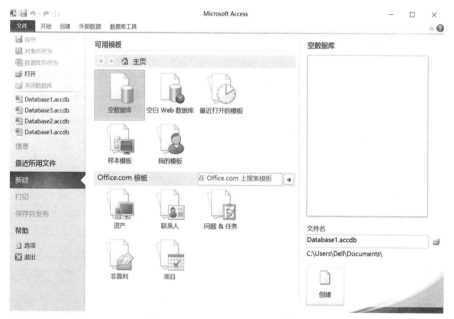

图 6-1-3　Access Backstage 视图

2．创建空数据库

（1）在 Access Backstage 视图中选定"空数据库"图标。

（2）在 Access Backstage 视图中单击"浏览"按钮，即可打开"文件新建数据库"对话框，如图 6-1-4 所示。在"保存位置"列表框中指定数据库文件的存储位置，接着在"文件名"下拉列表框中输入一个合适的数据库文件名，然后在"保存类型"下拉列表框中选择 "Microsoft Access 2007 数据库（*.accdb）"，最后单击"确定"按钮，返回 Access Backstage 视图。

（3）在 Access Backstage 视图中单击右下角的"创建"按钮，即可进入 Access 数据库的设计视图窗口。这个窗口显示的是上面指定名称的数据库容器对象，如图 6-1-5 所示。

3．创建表

（1）在这个数据库设计视图的功能区中单击"创建"选项卡，然后单击"表格"组中的 "表设计"命令（见图 6-1-6），进入 Access 表设计视图（见图 6-1-7）。

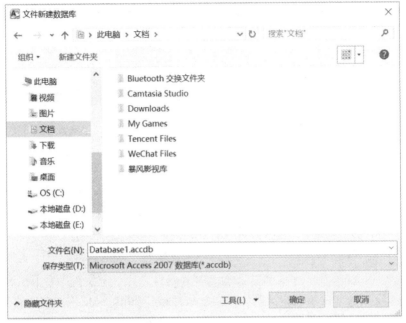

图 6-1-4　"文件新建数据库"对话框

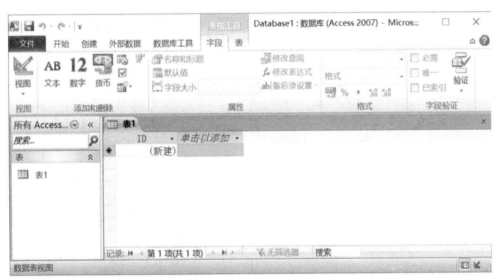

图 6-1-5　Access 空数据库的设计视图窗口

图 6-1-6　"创建"/"表设计"命令按钮

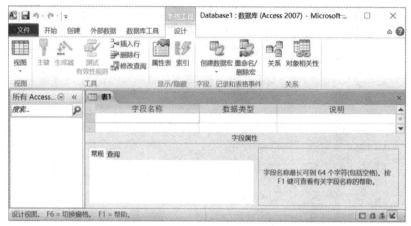

图 6-1-7　Access 表设计视图

（2）在"字段名称"列输入"楼号"，在"数据类型"列下拉选择"文本"，在"常规"选项卡"字段大小"输入"2"，"必需"下拉选择"是"，"允许空字符串"下拉选择"否"。根据表 6-1-1 所示寝室表结构依次定义其他字段，最后按住 Shift 键依次单击"寝室号"和"楼号"字段左端标志块，使其都为选中状态，再单击"表格工具/设计"选项卡"工具"组的"主键"按钮（见图 6-1-8）。

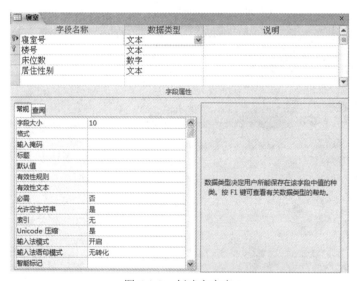

图 6-1-8　创建寝室表

（3）单击设计视图右上角的关闭按钮×，即弹出询问是否保存的对话框（见图 6-1-9），单击"是"按钮，即弹出"另存为"对话框（见图 6-1-10）。此时，需输入表的名称"寝室"，再单击"确定"按钮。

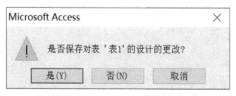

图 6-1-9　是否保存表结构的对话框

图 6-1-10　"另存为"对话框

按上面介绍的方法，根据表 6-1-2 和表 6-1-3 创建另外两个表，分别以"学生"和"住宿"作为表名称保存。

4. 创建表间关联

（1）在数据库设计视图功能区的"数据库工具"选项卡上，单击"关系"组的"关系"按钮（见图 6-1-11），即进入关系设计视图；单击"显示表"按钮就会弹出"显示表"对话框（见图 6-1-12）。

图 6-1-11　"数据库工具"/"关系"　　　　图 6-1-12　"显示表"对话框

（2）选择"寝室"表后单击"添加"按钮，再同样操作添加另外两个表，然后单击"关闭"按钮。此时，"关系"窗口显示了三个表对象（见图 6-1-13）。

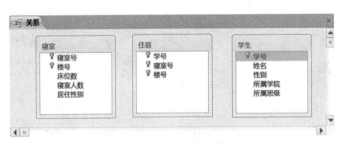

图 6-1-13　"关系"窗口

（3）接下来设定表对象之间的关联。按住 Shift 键，单击"寝室"表的"寝室号"字段和"楼号"字段，使这两个字段呈选中状态，按下鼠标左键拖动至"住宿"表的"寝室号"字段放开鼠标，此时会弹出"编辑关系"对话框，勾选"实施参照完整性"复选框、"级联更新相关字段"复选框和"级联删除相关记录"复选框（见图 6-1-14），单击"创建"按钮，即可看到两条连线，表明两表间关联建立完成。在这一关系中，"寝室"表是主表，"住宿"表是从表，它们是一对多的关系。同样的方法创建"学生"表与"住宿"表的关联（见图 6-1-15）。创建完的表间关系如图 6-1-16 所示。

（4）单击"关系"窗口右上角的关闭按钮⊠。

5. 输入表数据

（1）在导航窗格（见图 6-1-17）中双击"寝室"表对象，即可打开"寝室"表的数据表视图。

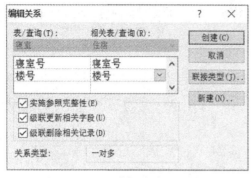
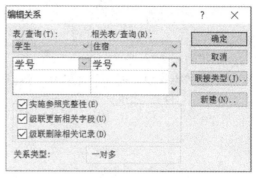

图 6-1-14   "编辑关系"对话框   图 6-1-15   "编辑关系"对话框

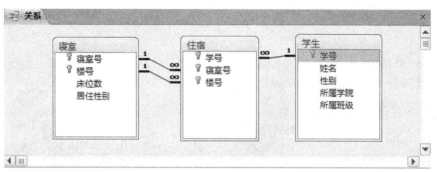

图 6-1-16   "关系"窗口

（2）逐行输入数据（见图 6-1-18）。本案例的测试数据假设有两栋宿舍楼，并假设 1 号宿舍楼住女生，是 4 人间；2 号宿舍楼住男生，是 6 人间；寝室号从 101 编号至 103。

图 6-1-17   导航窗格   图 6-1-18   寝室表输入数据

（3）最后，单击窗口右上角的关闭按钮，关闭"寝室"表。

（4）在导航窗格中双击"学生"表对象，即可打开"学生"表的数据表视图，然后逐行输入数据（见图 6-1-19），最后单击窗口右上角的关闭按钮，关闭"学生"表。

接下来输入住宿信息，住宿信息可以在"住宿"表或"寝室"表中输入，也可以在"学生"表中输入。相对来说，在"学生"表中操作较为直观。在"学生"表中，可以先筛选出男生，为男生分配宿舍；之后再筛选出女生，为女生分配宿舍。

（5）在导航窗格中双击"学生"表对象，即可打开"学生"表的数据表视图，在"性别"字段的黑色小三角上单击，在下拉菜单中勾选文本筛选器中的"男"，单击"确定"按钮（见图 6-1-20），即筛选出男生记录。

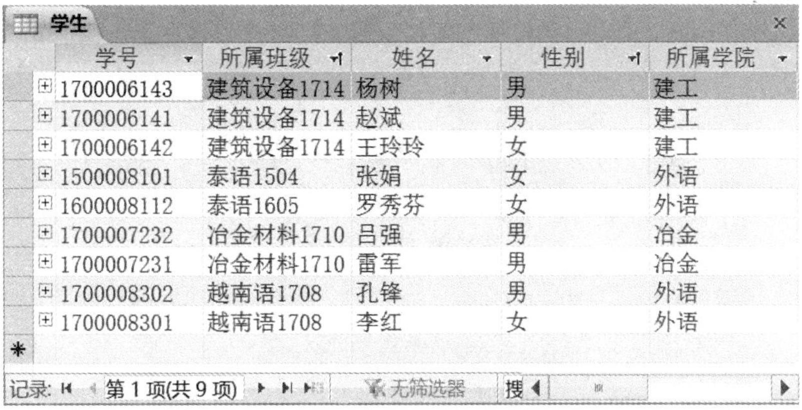

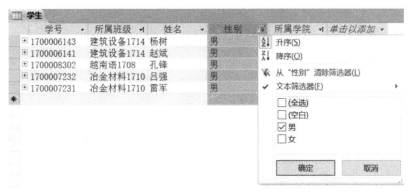

图 6-1-19　学生表输入数据

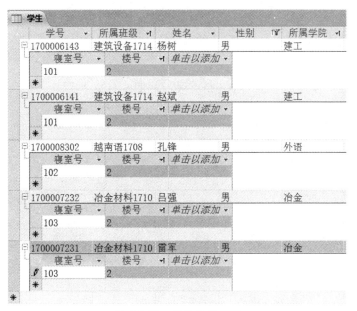

图 6-1-20　筛选出男生记录

（6）单击第一行记录左端的加号展开该记录关联的住宿表，输入"楼号"和"寝室号"。同样的方法依次展开每条记录的加号，输入其关联的住宿信息，如图 6-1-21 所示。

图 6-1-21　男生住宿信息

（7）筛选出女生的记录，为女生输入住宿信息（见图 6-1-22）。最后单击窗口右上角的关闭按钮，关闭"学生"表。

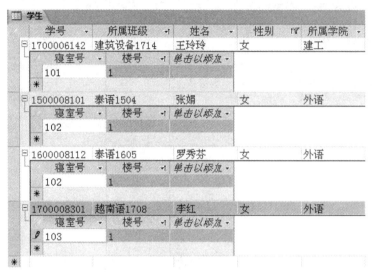

图 6-1-22　女生住宿信息

6. 创建查询——学生住宿分配信息查询

（1）在"创建"选项卡内单击"查询"组的"查询设计"按钮（见图 6-1-23），即进入查询设计视图，同时会弹出"显示表"对话框，在该对话框中选择"学生"表后单击"添加"按钮，再选择"住宿"表后单击"添加"按钮，然后单击"关闭"按钮。

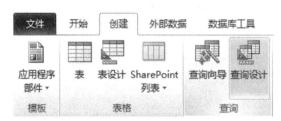

图 6-1-23　"创建"/"查询设计"

（2）在"字段"输入框下拉选择各个字段，如图 6-1-24 所示。

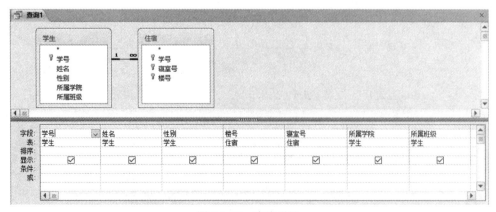

图 6-1-24　查询设计

（3）单击窗口右上角的关闭按钮 ✕ ，弹出询问是否保存设计的对话框（见图 6-1-25），单击"是"按钮，弹出"另存为"对话框（见图 6-1-26），输入查询名称"学生住宿分配信息"，单击"确定"按钮。

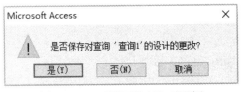

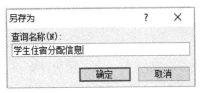

图 6-1-25　"是否保存"对话框　　　　　　　图 6-1-26　"另存为"对话框

（4）在导航窗格（见图 6-1-27）中双击"学生住宿分配信息"查询对象，即可打开该查询的数据表视图。

图 6-1-27　导航窗格

（5）在该查询的数据表视图中，可以按字段排序或筛选查询结果，也可以在底部输入信息进行搜索，例如输入"李红"，即刻会定位到"李红"的记录，如图 6-1-28 所示。

学号	姓名	性别	楼号	寝室号	所属学院	所属班级
1700006143	杨树	男	2	101	建工	建筑设备1714
1700006142	王玲玲	女	1	101	建工	建筑设备1714
1700006141	赵斌	男	2	101	建工	建筑设备1714
1500008101	张娟	女	1	102	外语	泰语1504
1600008112	罗秀芬	女	1	102	外语	泰语1605
1700008302	孔锋	男	2	102	外语	越南语1708
1700008301	李红	女	1	103	外语	越南语1708
1700007232	吕强	男	2	103	冶金	冶金材料1710
1700007231	雷军	男	2	103	冶金	冶金材料1710

记录: ◄ ◄ 第 7 项（共 9 项） ► ►I ►✱ 无筛选器　李红

图 6-1-28　"学生住宿分配信息"查询数据表视图

7. 创建汇总查询——各宿舍人数统计

（1）在"创建"选项卡内单击"查询"组的"查询设计"按钮，即进入查询设计视图，同时会弹出"显示表"对话框，在该对话框中选择"寝室"表后单击"添加"按钮，再选择"住宿"表后单击"添加"按钮，然后单击"关闭"按钮。

（2）单击"查询工具/设计"选项卡中的"汇总"按钮，如图 6-1-29 所示。

图 6-1-29 "查询工具"中的"汇总"按钮

（3）在"字段"输入框下拉选择各个字段，在"学号"字段的"总计"处下拉选择"计数"，如图 6-1-30 所示。

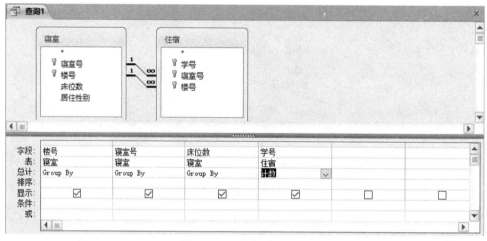

图 6-1-30 查询设计视图

（4）右键单击"学号"字段，在弹出的快捷菜单中选择"属性"，在打开的属性表中输入"标题"的属性值为"现住人数"，如图 6-1-31 所示。

（5）单击窗口右上角的关闭按钮×，弹出询问是否保存设计的对话框，单击"是"按钮。弹出"另存为"对话框，输入查询名称"宿舍人数统计"（见图 6-1-32），单击"确定"按钮。

图 6-1-31 属性表

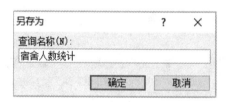

图 6-1-32 "另存为"对话框

（6）在导航窗格双击"宿舍人数统计"查询对象（见图 6-1-33），即可打开该查询的数据表视图，如图 6-1-34 所示。

8. 用向导创建查询——学院涉及寝室

（1）在"创建"选项卡内单击"查询"组的"查询向导"按钮，如图 6-1-35 所示。

图 6-1-33　导航窗格

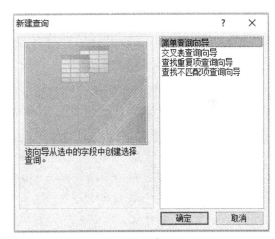

图 6-1-34　"宿舍人数统计"查询的数据表视图

（2）在弹出的"新建查询"对话框中，选择"简单查询向导"（见图 6-1-36），单击"确定"按钮。

图 6-1-35　"创建"/"查询向导"

图 6-1-36　"新建查询"对话框

（3）在"简单查询向导"对话框中，单击"表/查询"下拉列表框选择"查询：学生住宿分配信息"，在"可用字段"列表框选择"所属学院"字段，再单击 ⟩ 按钮添加至"选定字段"列表框。相同操作，添加"性别""楼号"和"寝室号"字段至"选定字段"列表框（见图 6-1-37），单击"下一步"按钮。

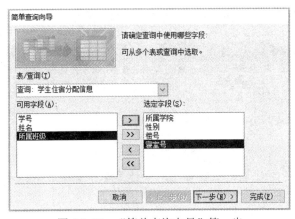

图 6-1-37　"简单查询向导"第一步

（4）在"简单查询向导"对话框中，选择"明细"单选按钮，单击"下一步"按钮，如图 6-1-38 所示。

（5）在"简单查询向导"对话框中，输入查询标题"学院涉及寝室"，选择"打开查询查看信息"单选按钮，单击"完成"按钮，如图 6-1-39 所示。

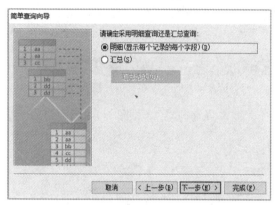
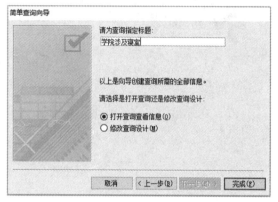

图 6-1-38 "简单查询向导"第二步   图 6-1-39 "简单查询向导"第三步

（6）在打开的数据表中看到有相同记录重复，因此需修改 SQL。在查询名称上单击右键，在弹出的快捷菜单中选择"SQL 视图"，如图 6-1-40 所示。

图 6-1-40 快捷菜单

（7）在 SELECT 后添加"distinct"，如图 6-1-41 所示。

SELECT distinct 学生住宿分配信息.所属学院, 学生住宿分配信息.性别, 学生住宿分配信息.楼号, 学生住宿分配信息.寝室号
FROM 学生住宿分配信息;

图 6-1-41 SQL 视图

（8）在查询名称上单击右键，在弹出的快捷菜单中选择"数据表视图"，显示数据就不再有重复的记录了，如图 6-1-42 所示。

  DISTINCT 用于返回唯一不同的值，即过滤结果集中的重复值。

图 6-1-42 数据表视图

9. 创建报表

（1）在"创建"选项卡内单击"报表"组的"报表向导"按钮。

（2）在打开的"报表向导"对话框中，从"表/查询"下拉列表框选择"查询：学院涉及寝室"，单击"全部添加"按钮 ≫ ，把"所属学院""性别""楼号""寝室号"四个字段都添加到"选定字段"列表框中（见图 6-1-43），单击"下一步"按钮。

（3）选择查看数据方式为"通过 住宿"（见图 6-1-44），单击"下一步"按钮。

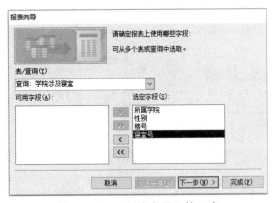

图 6-1-43 "报表向导"第一步

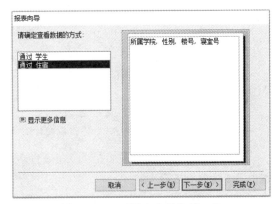

图 6-1-44 "报表向导"第二步

（4）设置分组级别。选择"所属学院"，单击"添加"按钮 > （见图 6-1-45），单击"下一步"按钮。

（5）设置排序次序。设置"楼号"升序，"寝室号"升序（见图 6-1-46），单击"下一步"按钮。

图 6-1-45 "报表向导"第三步

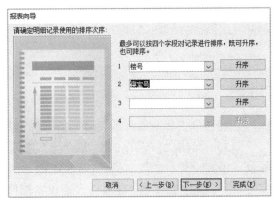

图 6-1-46 "报表向导"第四步

（6）选择布局为"递阶"，方向为"纵向"，（见图6-1-47），单击"下一步"按钮。

（7）输入报表标题"学院涉及寝室"（见图6-1-48），单击"完成"按钮。

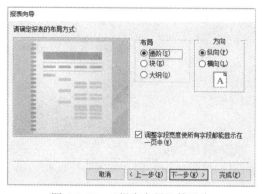

图6-1-47　"报表向导"第五步

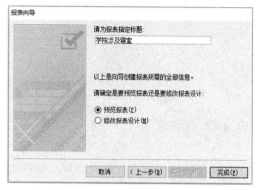

图6-1-48　"报表向导"第六步

（8）在报表名称上单击右键，在弹出的快捷菜单中选择"设计视图"。单击"报表设计工具/设计"选项卡/""组"属性表"按钮（见图6-1-49）打开属性表。

图6-1-49　"报表设计工具"/"设计"/""组"属性表"

（9）单击"所属学院页眉"，在属性表中设置"背景"和"备用背景"均为"强调文字颜色6，淡色60%"。

（10）单击"所属学院页眉"中的"所属学院"，在属性表中设置"背景"和"边框颜色"均为"强调文字颜色6，淡色60%"。

（11）单击"报表设计工具/设计"选项卡/"分组和汇总"组/"分组和排序"按钮，打开"分组、排序和汇总"窗格，单击"分组形式"的"更多"按钮▶，设置"有页脚节"，如图6-1-50所示。

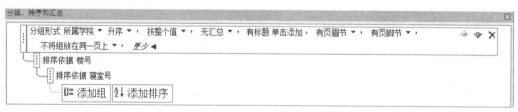

图6-1-50　"分组和排序"窗格

（12）单击"所属学院页脚"，在属性表中设置"备用背景"为"背景1"。

（13）单击"报表设计工具/设计"选项卡/"控件"组中的"文本框"控件 ab，移动鼠标到"所属学院页脚"，按下鼠标左键拖动创建一个文本框。修改文本框标签为"学院涉及寝室数量:"。选中文本框，在属性表中设置控件来源为"=Count([寝室号])"，并设置"边框颜色"为"背景1"。

（14）在报表名称上单击右键，在弹出的快捷菜单中选择"报表视图"，报表如图 6-1-51
所示。

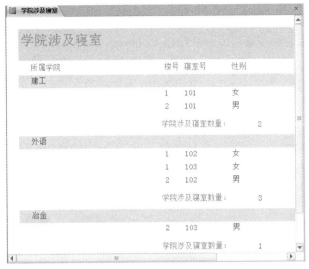

图 6-1-51　报表视图

（15）单击报表窗口的关闭按钮×，在"是否保存报表设计更改"对话框中单击"是"
按钮。

四、任务扩展

创建一个窗体，通过该窗体可进入到安排宿舍表，查询宿舍分配信息和报表预览，如图
6-1-52 所示。

图 6-1-52　主窗体

（1）单击"创建"选项卡/"窗体"组/"空白窗体"按钮，即进入窗体 1 的设计视图。

（2）在主体上单击右键，在随即出现的快捷菜单中选择"表单属性"。接下来，在属性
表中设置窗体的属性：在"格式"选项卡中设置"边框样式"为"细边框"，"导航按钮"为"否"，
"记录选择器"为"否"，最大最小化按钮为"无"，滚动条为"两者均无"，图片为"宿舍.jpg"；
在"其他"选项卡中设置"弹出方式"为"是"。

（3）单击"报表设计工具/设计"选项卡/"控件"组中的"标签"控件 **Aa**，移动鼠标到"主体"，按下鼠标左键拖动创建一个标签。选中该标签，在属性表中设置其属性：输入标签标题为"学生宿舍管理数据库"，字号 24，字体为华文琥珀，前景色为白色。

（4）单击"报表设计工具/设计"选项卡/"控件"组中的"按钮"控件 xxxx，移动鼠标到"主体"，按下鼠标左键拖动创建一个按钮 Command1。在弹出的"命令按钮向导"对话框中单击"取消"按钮。选中该按钮，在属性表中设置其属性：输入按钮标题为"安排宿舍"。在"事件"后单击 **…**，在"选择生成器"中选择"代码生成器"，单击"确定"按钮（见图 6-1-53）。在代码生成器中输入语句 DoCmd.OpenTable "学生"，关闭代码生成器。

（5）同上方法创建 Command2，设置其标题属性为"查询宿舍分配信息"，在代码生成器中输入语句 DoCmd.OpenQuery "学生住宿分配信息"，关闭代码生成器。

（6）同上方法创建 Command3，设置其标题属性为"查询宿舍人数"，在代码生成器中输入语句 DoCmd.OpenQuery "宿舍人数统计"（见图 6-1-54），关闭代码生成器。

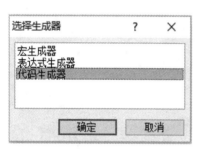

图 6-1-53　选择生成器

图 6-1-54　代码生成器

注意　　代码中使用的标点符号均要是英文标点符号。

（7）单击"报表设计工具/设计"选项卡/"控件"组中的"按钮"控件 xxxx，移动鼠标到"主体"，按下鼠标左键拖动创建一个按钮 Command4。在弹出的"命令按钮向导"对话框中选择"报表操作"和"预览报表"，单击"下一步"按钮（见图 6-1-55）；选择"学院涉及寝室"，单击"下一步"（见图 6-1-56）；选择"文本"，输入"学院涉及寝室报表预览"，单击"下一步"按钮（见图 6-1-57），单击"完成"按钮（见图 6-1-58）。

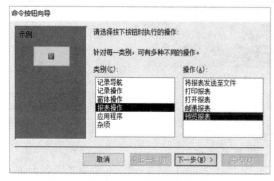

图 6-1-55　"命令按钮向导"第一步

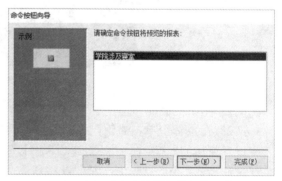

图 6-1-56　"命令按钮向导"第二步

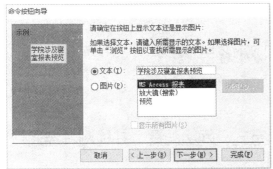

图 6-1-57　"命令按钮向导"第三步

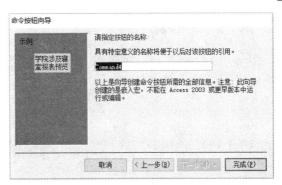

图 6-1-58　"命令按钮向导"第四步

（8）单击窗体设计窗口的关闭按钮×，在"是否保存设计更改"对话框中单击"是"按钮，在"另存为"对话框中输入名称"主窗口"，单击"确定"按钮。

（9）在导航窗格双击"主窗口"窗体对象，即可打开该窗体。单击各按钮即可打开对应的 Access 对象。

提示　　Command4 也可以用代码实现。代码为：DoCmd.OpenReport "学院涉及寝室"，acViewPreview。

第7章 计算机网络与应用

实验1 观察机房中计算机的网络接入方式、网络配置，并检测其连通性

一、实验目标

1．理解并掌握计算机接入 Internet 所必需的 TCP/IP 基本配置。
2．掌握网络连通性的检测方法。
3．掌握一般网络故障的检测方法。

二、实验准备

1．观察实训机房中计算机的网络接入方式和连接方式。
2．开启交换机，开启计算机。

三、实验内容及操作步骤

1．TCP/IP 基本配置。
2．网络调试。
3．网络故障检测。

1．TCP/IP 基本配置

（1）在桌面选择"开始"/"控制面板"，在"控制面板"窗口中点击"网络和共享中心"选项，进入"网络和共享中心"窗口，如图 7-1-1 和图 7-1-2 所示。

（2）在"网络和共享中心"窗口中点击"本地连接"，弹出"本地连接状态"对话框，如图 7-1-3 所示。

（3）点击"属性"按钮，弹出"本地连接属性"对话框，在"此连接使用下列项目"列表框中选择"Internet 协议版本 4（TCP/IPv4）"，然后单击"属性"按钮，进入 TCP/IPv4 属性设置对话框，如图 7-1-4 所示。

（4）在弹出的"Internet 协议版本 4（TCP/IPv4）属性"对话框中选择"使用下面的 IP 地址"单选按钮，在"IP 地址"栏填入"192.168.1.1"，"子网掩码"栏填入"255.255.255.0"，单击"确定"按钮，如图 7-1-5 所示。

图 7-1-1 控制面板

图 7-1-2 网络和共享中心

图 7-1-3 "本地连接状态"对话框

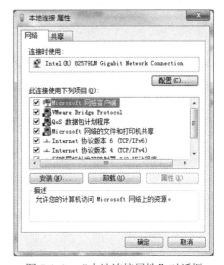

图 7-1-4 "本地连接属性"对话框

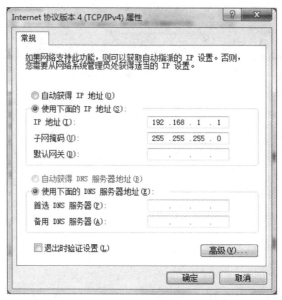

图 7-1-5 设置 IP 地址

（5）其余计算机的"IP 地址"设置为 192.168.1.2～192.168.1.254 之间的值，不能重复，子网掩码仍为 255.255.255.0。

（6）将局域网内的计算机设置成同一个工作组。

①在桌面右击"计算机"图标，在弹出的快捷菜单中选择"属性"命令，在弹出的"系统"窗口点击"高级系统设置"，弹出"系统属性"对话框，选择"计算机名"选项卡，单击"更改"按钮，弹出"计算机名/域更改"对话框，如图 7-1-6 所示。

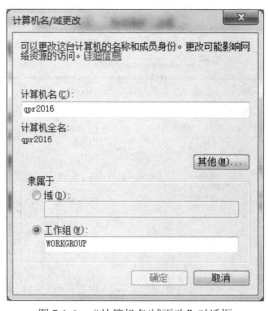

图 7-1-6 "计算机名/域更改"对话框

②在"计算机名"文本框输入唯一的计算机名，在"工作组"文本框中输入统一的工作组名，单击"确定"按钮完成工作组设置。

2．网络调试

可以通过 ping 命令调试网络是否连通，然后在网上邻居中查看可否看到其他计算机。

（1）点击"开始"按钮，运行"CMD"命令，进入命令提示符窗口，如图 7-1-7 所示。

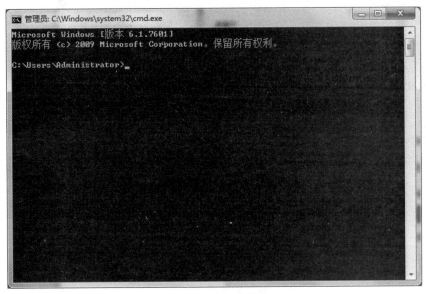

图 7-1-7　命令提示符窗口

（2）可以使用 ping 命令来确定本地主机是否能与另一台主机发送与接收数据包，根据返回的数据可以推断 TCP/IP 设置是否正常以及网络的连通性，使用该命令的格式为"ping 局域网内其他计算机的 IP"并按回车键，如图 7-1-8 所示。

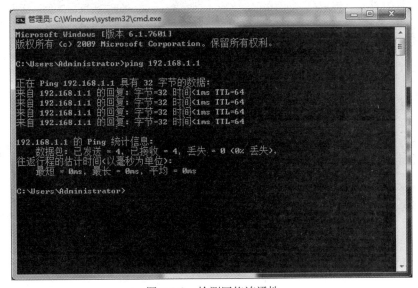

图 7-1-8　检测网络连通性

3．网络故障检测

（1）打开命令提示符窗口，使用"ping 127.0.0.1"命令对本地计算机进行检测，如图 7-1-9 所示，如果响应有问题，就表示 TCP/IP 协议出现问题或者网卡出现异常。

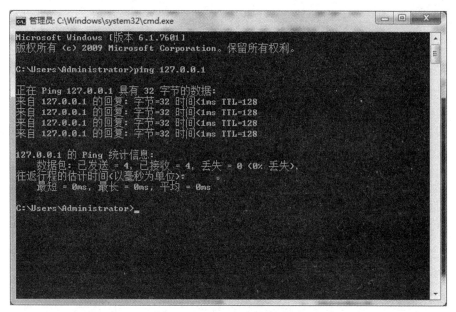

图 7-1-9　ping 命令检测本机

（2）可以使用 ipconfig 命令查看本机的 IP 地址，如图 7-1-10 所示，然后使用 ping 命令检测连通性，如有错误表示网络适配器出现故障。

图 7-1-10　ipconfig 命令

四、任务扩展

1．用局域网连接 Internet。将计算机连接到学校内部局域网，再通过学校局域网连接到 Internet。局域网连接必须首先保证计算机与连接校园网的交换机连通，再向网络管理员申请 IP 地址和用户权限。

2．修改自己电脑上的计算机名、IP 地址与其他计算机同名，观察网络故障情况。

实验 2　数据检索

一、实验目标

1. 掌握浏览器的使用方法。
2. 掌握收藏夹的使用与整理方法。
3. 掌握搜索引擎的使用方法。
4. 掌握网页的保存与打印方法。
5. 了解网盘的基本使用方法。
6. 掌握常用实时通信工具如 QQ、微信等的使用方法。

二、实验准备

1. 浏览器是用于浏览网络信息的一种软件。常用的浏览器有 Internet Explorer、FireFox、360 浏览器等。下载 360 极速浏览器。
2. 向机房管理员申请开通校园网接口和用户权限。

三、实验内容及操作步骤

1. 掌握浏览器使用方法（以 Internet Explorer 浏览器为例）。
2. 收藏夹的使用。
3. 使用搜索引擎。
4. 网页的保存与打印。
5. 网盘的基本使用方法（以百度网盘为例）。
6. 即时通信软件 QQ 使用方法。

1. 掌握浏览器使用方法（以 Internet Explorer 浏览器为例）

（1）双击桌面上的 Internet Explorer 浏览器图标，打开 IE 浏览器。在地址栏输入网址，如 www.baidu.com，按回车键即可打开百度网站，如图 7-2-1 所示。

（2）移动鼠标到希望查看的内容上，鼠标指针变成手型，单击即可打开超链接查看相关网页信息，如图 7-2-2 所示为点击"新闻"链接后查阅的网页信息。

2. 收藏夹的使用

对于经常需要访问的网页，可将网页链接添加到收藏夹中，以后只要在"收藏"菜单中选择相关的网页链接就能快速打开该网页。

图 7-2-1　浏览百度网站

图 7-2-2　浏览网页链接

（1）在如图 7-2-3 所示的已打开的网页中，在 IE 窗口右上角的工具栏中单击"收藏栏"按钮，弹出"收藏栏"面板，在面板中单击"添加到收藏夹"按钮，打开"添加收藏"对话框。这时网页的标题出现在"名称"文本框中，将名称改为"昆明冶专网站"，如图 7-2-4 所示。

（2）单击"添加"按钮，"昆明冶专网站"快捷方式便出现在"收藏夹"的列表中。

（3）打开一个新的 IE 浏览器窗口，或在原来 IE 浏览器窗口已有选项卡的右边单击"新选项卡"按钮，打开一个新的选项卡。再单击"收藏夹"按钮，打开"收藏夹"面板，在收藏夹列表中，可以看到已经添加的"昆明冶专网站"链接，单击该链接即可打开网站。

3．使用搜索引擎

（1）在 IE 浏览器中打开搜索引擎百度的主页。双击桌面 IE 浏览器快捷方式图标，打开 IE 浏览器，在浏览器地址栏输入百度网站地址 www.baidu.com 进入百度主页。在百度搜索栏输入专业名称查询专业相关信息，此处输入"冶金工程"，单击"百度一下"按钮，将打开搜索结果页面，如图 7-2-5 所示。

图 7-2-3　"收藏夹"面板

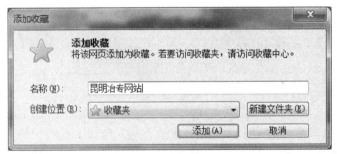

图 7-2-4　"添加收藏"对话框

图 7-2-5　百度搜索结果

（2）单击搜索结果中的第一个链接"冶金工程 百度百科"，打开一个新的选项卡并显示相应的页面，如图 7-2-6 所示。

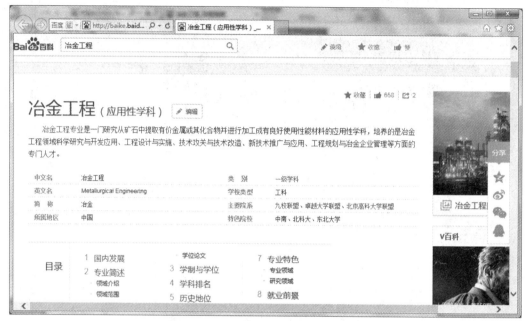

图 7-2-6　从搜索结果中打开一个网页

4. 网页的保存与打印

（1）保存网页。启动 IE 浏览器，输入 www.csdn.net 网址或者使用收藏夹里的链接打开一个网页。在 IE 窗口右上角的工具栏中单击"工具"按钮，在弹出的下拉菜单中选择"文件"/"另存为"命令，如图 7-2-7 所示，打开"保存网页"对话框。在对话框中选择适当的目标文件夹，如保存到 D 盘的某个文件夹中。

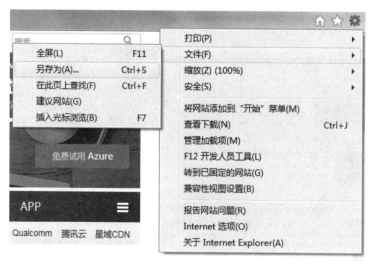

图 7-2-7　保存网页

（2）打印网页。启动 IE 浏览器打开网页，在 IE 窗口右上角的工具栏中单击"工具"按钮，在弹出的下拉菜单中选择"打印"/"页面设置"命令，打开"页面设置"对话框，在对话框中设置适当的纸张、页眉、页脚和页边距；再次单击"工具"按钮，在下拉菜单中选择"打印"命令，可将网页打印出来，如图 7-2-8 所示。

图 7-2-8　打印网页对话框

5. 网盘的基本使用方法（以百度网盘为例）

（1）首先运行浏览器，在浏览器地址栏输入百度网盘的首页地址：pan.baidu.com。

（2）点击"注册"，完成注册信息填写，如图 7-2-9 所示。

图 7-2-9　注册百度账号

（3）登录百度网盘，如图 7-2-10 所示。

图 7-2-10　登录百度网盘

（4）点击百度网盘工具栏中各选项进行操作，如图 7-2-11 所示。

图 7-2-11　百度网盘操作界面

6. 即时通信软件 QQ 使用方法

（1）登录网站www.qq.com，下载并安装 QQ 软件，按提示进行账号注册，如图 7-2-12 所示。

注册帐号

昵称	huanxi	✓
密码	●●●●●●●●	中等 复杂度还行，再加强一下等级？
确认密码	●●●●●●●●	✓
性别	◉男　○女	
生日	公历 ▼　2000年 ▼　1月 ▼　1日 ▼	✓属兔 摩羯座
所在地	中国 ▼　云南 ▼　昆明 ▼	
手机号码	15789632587 ✕	✓

可通过该手机号码快速找回密码

中国大陆地区以外手机号码　点击这里

546154　　获取短信验证码

立即注册

图 7-2-12　QQ 账号注册

（2）完成注册，登录账号，如图 7-2-13 所示。

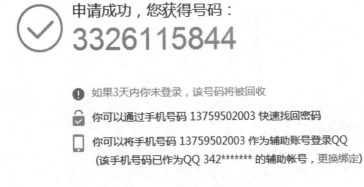

✓ 申请成功，您获得号码：

3326115844

ⓘ 如果3天内你未登录，该号码将被回收

🔓 你可以通过手机号码 13759502003 快速找回密码

📱 你可以将手机号码 13759502003 作为辅助账号登录QQ
（该手机号码已作为QQ 342******* 的辅助帐号，更换绑定）

立即登录

图 7-2-13　QQ 账号登录

（3）登录后即可进行相应操作，如图 7-2-14 所示。

图 7-2-14　QQ 使用界面

四、任务扩展

1. 使用收藏夹的"删除"功能和"重命名"功能对收藏夹进行管理。
2. 注册自己的百度网盘账号，上传文件到网盘，并设置私密分享功能。

实验 3　练习收发电子邮件

一、实验目标

1. 掌握申请免费邮箱的基本方法及基本参数的获取。
2. 熟练掌握使用 163 邮箱收发电子邮件的方法。

二、实验准备

1. 向机房管理员申请开通校园网接口和用户权限。
2. 申请 163 邮箱。

三、实验内容及操作步骤

1. 以 163 邮箱为例，申请一个免费邮箱。
2. 登录邮箱进行邮件收发。
3. 发送"节日快乐"字样邮件。
4. 在邮箱中接收并查看电子邮件。

操作步骤

1. 以 163 邮箱为例，申请一个免费邮箱

（1）运行 IE 浏览器，在地址栏中输入域名 http://www.163.com。

（2）在打开的"网易"首页上，单击"注册免费邮箱"链接。

（3）在打开的电子邮箱注册界面，根据界面要求，完成注册内容的填写，如图 7-3-1 所示。

图 7-3-1　网易邮箱注册

（4）单击"立即注册"按钮，激活邮箱。

2. 登录邮箱进行邮件收发

在打开的"网易"首页左上角，输入上一步成功申请的邮箱账号及密码，单击"登录"按钮，如图 7-3-2 所示。

3. 发送"节日快乐"字样邮件

（1）在已登录成功的电子邮箱主界面左上角，单击"写信"按钮，输入收件人电子邮箱地址及邮件主题、邮件内容等。

（2）邮件编写完成后，单击收件人上方的"发送"按钮，如图 7-3-3 所示，出现"邮件发送成功"的提示界面。

图 7-3-2　登录网易邮箱　　　　图 7-3-3　编辑邮件内容"节日快乐"

4. 在邮箱中接收并查看电子邮件

（1）首先成功登录并进入电子邮箱。

（2）在邮箱中单击"收信"按钮。

（3）进入"收件箱"后，单击想要查看的邮件，即可查看相应邮件的详细内容，如图 7-3-4 所示。

图 7-3-4　查看收到的邮件

四、任务扩展

1. 练习用 QQ 邮箱收发邮件。

2. 自己注册一个网易邮箱并练习收发邮件。

3. 注册一个新浪邮箱并练习收发邮件。

实验 4　网络与信息化

一、实验目标

1．网络安全防范。
2．网络安全法制意识。
3．掌握一种杀毒软件使用方法。

二、实验准备

1．下载杀毒软件。
2．大学生文明上网相关规定下载和学习。

三、实验内容及操作步骤

1．网络安全防范。
2．网络安全法制意识。
3．使用杀毒软件 360 安全卫士防治计算机病毒。

操作步骤

1．网络安全防范
（1）网络安全防范的目的：最大程度地减少数据和资源被攻击的可能性。
（2）网络安全威胁的分类：窃听、重传、伪造、篡改、拒绝服务攻击、行为否认、非授权访问、传播病毒等。
（3）防范措施。
● 设置身份鉴别系统。
● 设置口令识别。
● 安装防火墙软件。
● 安装杀毒软件。
● 采取数据加密技术。
● 避免个人账号信息外泄，与好友聊天过程中不能提及账号、密码等敏感信息。
● 避免公开个人信息，合理设置个人隐私。
● 理性交友，不轻易相信陌生人。
2．网络安全法制意识
（1）加强法制建设，规范网络行为。
（2）加强法制宣传，严肃法制行为。
（3）加大技术队伍建设，打击网络违法行为。

（4）加快技术改造，防范网络违法行为。

3. 使用杀毒软件 360 安全卫士防治计算机病毒

（1）查杀计算机病毒。

- 单击"开始"按钮，选择"所有程序"/"360 安全中心"/"360 杀毒"命令，即可启动 360 杀毒软件，如图 7-4-1 所示。

图 7-4-1　360 杀毒程序界面

- 单击"全盘扫描"按钮，进入"全盘扫描窗口"。完成全盘扫描后，选择对威胁对象的处理意见，单击"立即处理"按钮。成功清除扫描中发现的部分威胁对象，单击"确认"按钮，如图 7-4-2 所示。

图 7-4-2　360 查杀硬盘病毒

（2）防御计算机病毒。

- 启动 360 安全卫士，单击"木马查杀"图标，如图 7-4-3 所示。

图 7-4-3　启动 360 安全卫士窗口

- 进入 360 木马防火墙界面，单击"设置"按钮，进入"360 木马防火墙设置"窗口，设置"入口防护""隔离防护""系统防护"等，如图 7-4-4 所示。设置完成后单击"关闭"按钮。

图 7-4-4　设置防火墙

（3）修复系统漏洞。

- 启动 360 安全卫士，单击"电脑体检"图标，单击"立即体检"按钮。完成体检，单击"一键修复"按钮，如图 7-4-5 所示。进入"正在进行全面修复，请稍后……"界面，修复完成，提示重新启动计算机后修复生效，单击"是"按钮。

图 7-4-5　系统漏洞修复

- 升级系统补丁程序。启动 360 安全卫士，单击"系统修复"图标，查找要修复的漏洞。选择修复更新补丁文件，单击"一键修复"按钮，进入"下载更新系统补丁并安装修复"窗口，修复完成，如图 7-4-6 所示。单击"马上重启电脑让补丁生效"按钮，完成修复。

图 7-4-6　升级系统补丁

四、任务扩展

1. 利用 360 木马查杀功能，对计算机系统进行全面扫描，处理发现的威胁。
2. 上网查询有哪些网络信息安全隐患并查出相应解决措施。

第8章　多媒体技术基础

实验 1　Photoshop CS5 基本操作

一、实验目标

1. Photoshop CS5 图层的基本操作。
2. Photoshop CS5 通道的基本操作。
3. Photoshop CS5 色彩平衡。

二、实验准备

1. 打开 Photoshop CS5。
2. 找到"实验 1 素材"所在位置。

三、实验内容及操作步骤

1. 打开"背景 1.jpg"给图层解锁，命名为"背景层"，并通过观察通道和色彩平衡选项，查看图像变化。
2. 图层的新建、删除、混合选项以及图层合并操作。

1. 打开"背景 1.jpg"给图层解锁，命名为"背景层"，并通过观察通道和色彩平衡选项，查看图像变化

（1）执行"文件"/"打开"命令，打开"实验 1 素材"文件夹下面的"背景 1.jpg"图像。

（2）对准图像所在图层双击鼠标左键，打开"新建图层"对话框，名称命名为"背景层"，点击"确定"按钮，如图 8-1-1 所示。

（3）打开"图层"选项卡右侧的"通道"选项卡，如图 8-1-2 所示。

（4）点击"通道"选项卡下面的"RGB、红、绿、蓝"左侧的"小眼睛"。单独打开一个颜色通道或者任意打开两个颜色通道，观察右侧图像的变化情况，如图 8-1-2 所示。

（5）回到"图层"选项卡，点击图层下端的"创建新的填充或调整图层"菜单，打开图层下拉菜单，选择"色彩平衡"，如图 8-1-3 所示。

（6）打开如图 8-1-3 所示的"色彩平衡"对话框，分别选择色调按钮的"阴影、中间调、高光"，用鼠标拖动"青色、洋红、黄色"右侧的滑块，观察图像颜色的变化，如图 8-1-3 所示。

图 8-1-1　新建图层

图 8-1-2　"通道"选项卡

图 8-1-3　色彩平衡

2. 图层的新建、删除、混合选项以及图层合并操作

（1）选择上面操作添加的色彩平衡图层，点击底部的"删除图层"按钮，把"色彩平衡"图层全部删除，如图 8-1-4 所示。

（2）点击图层底部的"创建新图层"按钮，新建"图层 1"，如图 8-1-4 所示。

图 8-1-4 新建图层

（3）选择"图层 1"，执行"文件"/"置入"命令，将素材中的"背景.jpg"导入到"图层 2"中，如图 8-1-4 所示。用鼠标拖动图像的边缘把图像放大，放大到和背景层一样大小，如图 8-1-5 所示。

图 8-1-5 放大图像

（4）选择"背景层"，执行"右键/混合选项"命令，打开如图 8-1-6 所示"混合选项"对话框。

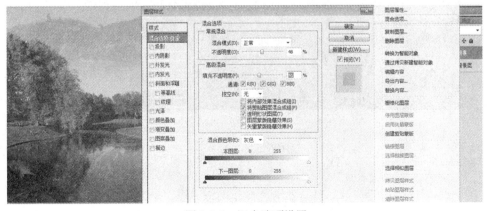

图 8-1-6 混合选项设置

（5）拖动"常规混合"和"高级混合"下面的"不透明度"滑块，观察图像的变化。

（6）分别单项或者多项勾选"高级混合"下面的"通道"，观察图像颜色的变化。

（7）分别选择"混合颜色带"右侧的下拉选项，并拖动下面的"本图层"和"下一图层"滑块，观察图像颜色变化。简单设置的效果图如图 8-1-7 所示。

图 8-1-7　观察图像颜色变化

（8）选择上层图像，执行"右键/向下合并"命令，把图像合并成一层。

（9）执行"文件"/"存储为"操作，把图像存储到你想存放的位置。效果如图 8-1-8 所示。

图 8-1-8　效果图

四、任务扩展

1. 使用素材库中的"扩展素材"分别重复上述实验操作。
2. 要求第二步实验用三层图像合成。

实验 2　Photoshop CS5 综合案例

一、实验目标

1. Photoshop CS5 抠像基本方法。
2. 橡皮图章的应用。
3. 蒙版基本操作。

二、实验准备

1. 打开 Photoshop CS5。
2. 找到"实验 2"素材所在位置。

三、实验内容及操作步骤

1. 套索工具和蒙版的使用。
2. 栅格化智能对象和仿制图章工具的使用。
3. 图层混合模式的使用。

1. 套索工具和蒙版的使用
（1）执行"文件"/"打开"命令，打开"实验 2 素材"文件夹下面的"背景 1.jpg"图像。
（2）双击图层，给背景层解锁，并命名为"背景层"。
（3）新建图层，选中新建层。执行"文件"/"置入"命令，把素材中的"人物 1.jpg"图像置入到新建图层中，并命名为"人物"层。
（4）适当调整人物的大小，如图 8-2-1 所示。

图 8-2-1　置入图像

（5）选中"人物"层，用磁性套索工具将人物选中，如图 8-2-2 所示。

图 8-2-2　选中人物

（6）点击"图层"选项卡下面的"添加矢量蒙版"按钮，将人物选区外的其他图像内容挡住，效果如图 8-2-3 所示。

图 8-2-3　添加矢量蒙版

2. 栅格化智能对象和仿制图章工具的使用

（1）分别选中"背景层"和"人物"层，均执行"图层"/"栅格化"/"智能对象"命令。

（2）选中"背景层"，选择工具箱中的"仿制图章工具"。

（3）对准草地层，按住 Alt 键，用光标点击草地，对点击位置图像进行取样。

（4）选中"人物"层，隐藏"背景层"，用仿制图章工具把人物身上的带有菜花样式的图像替换成草地颜色，如图 8-2-4 所示。

图 8-2-4　图像替换

（5）显示"背景层"，即可看到如图 8-2-5 所示画面。

图 8-2-5　效果图

3. 图层混合模式的使用

（1）新建图层，把"布料 1.jpg"置入到新建图层中，并重命名为"布料"层。

（2）选中"人物"层，隐藏其他图层，选择套索工具将人物的衣服选中，如图 8-2-6 所示。

图 8-2-6　套索工具

（3）选中"布料"层，点击"图层"选项卡下面的"添加矢量蒙版"按钮，将人物的衣服颜色换成布料颜色，如图 8-2-7 所示。

图 8-2-7　添加矢量蒙版

（4）从上到下依次选中图层，执行两次"右键/向下合并"命令，把图层合并到一层。

（5）执行"文件"/"存储为"命令，把图像存储在指定位置。

四、任务扩展

使用素材中的其他素材，重复上述操作，力求达到以下目的：

1. 熟练掌握套索工具和蒙版的使用。
2. 熟练使用栅格化智能对象和仿制图章工具。
3. 熟悉图层混合模式的使用。

实验 3　Flash CS5 基本操作

一、实验目标

1. 逐帧动画。
2. 形状补间动画。
3. 动作补间动画。
4. 引导路径动画。
5. 遮罩动画。

二、实验准备

1. 打开 Flash CS5。
2. 找到"实验 3"素材所在位置。

三、实验内容及操作步骤

1. 用图像序列制作逐帧动画。
2. 用文字创建形状补间动画。
3. 用元件创建传统补间动画。

1. 用图像序列制作逐帧动画

（1）打开 Flash CS5，新建 ActionScript 3.0 场景。

（2）选中图层一第 1 帧。

（3）执行"文件"/"导入"/"导入到舞台"命令。

（4）选择素材中"逐帧动画"文件夹下面的"1.jpg"，点击"打开"按钮，如图 8-3-1 所示。

（5）系统自动检测到图像序列，跳出询问是否导入其他所有图像的对话框，如图 8-3-1 所示，在对话框中单击"是"，一次性将图像序列全部导入到舞台中，如图 8-3-2 所示。

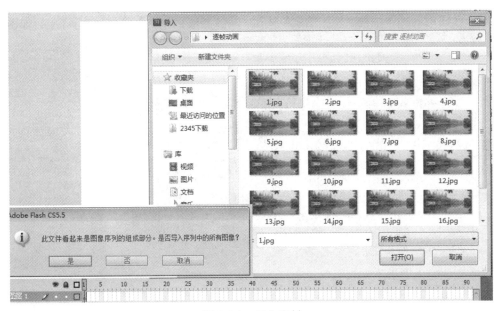

图 8-3-1　导入素材

图 8-3-2　导入图像序列

（6）执行"控制"/"测试场景"命令，可以看到动画效果。

（7）执行"文件"/"导出"/"导出影片"命令，可以把影片文件导出到指定位置存储。

（8）执行"文件"/"存储为"命令，可以把文件存储到指定位置。

2. 用文字创建形状补间动画

（1）新建文档，大小设置为"800×600"像素，命名图层为"朝阳"。选中"朝阳"层第 1 帧。

（2）把素材中的"朝阳.jpg"导入到文档中，在"属性"面板中将图片设置为"800×600"像素大小。

（3）点击时间轴下面的"新建图层"按钮，新建图层二，并命名为"文字"层，如图 8-3-3 所示。

图 8-3-3　新建图层

（4）锁定"朝阳"层，选中"文字"层第 1 帧，设置"文本/字体/华文彩云；文本/大小/96"，定义文本的大小和格式。

（5）选择文本工具，点击右侧的字体"属性"面板，将文字颜色设置为"#996633"，如图 8-3-4 所示。

图 8-3-4　添加文本

（6）选中第 10 帧，执行"右键/插入关键帧"命令。

（7）选中第 100 帧，执行"右键/插入空白关键帧"命令。

（8）选中第 1 帧，执行"右键/复制帧"命令。

（9）选中第 100 帧，执行"右键/粘贴帧"命令。把第 1 帧内容复制到第 100 帧处。

（10）选中第 100 帧，用选择工具将第 100 帧处的文字拖放到图像的中间靠上位置。

（11）用变形工具将第 100 帧处的文字缩小，并修改其属性颜色为红色，如图 8-3-5 所示。

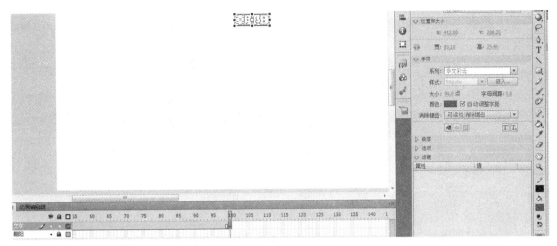

图 8-3-5 修改文字属性

（12）选中第 110 帧，执行"右键/插入关键帧"命令。

（13）选中第 200 帧，将第 1 帧处图像复制粘贴到第 200 帧处。

（14）选中第 10 帧、第 100 帧、第 110 帧、第 200 帧，分别执行两次"修改"/"分离"命令，将文字打散。

（15）分别选中第 10 帧、第 100 帧，执行"右键/创建补间形状"命令。

（16）选中"朝阳"层并给图层解锁，选择第 200 帧，执行"右键/插入关键帧"命令。

（17）执行"控制"/"测试场景"命令，可以预览效果。

（18）执行"文件"/"导出"/"导出影片"命令，可以把影片文件导出到指定位置存储。

（19）执行"文件/存储为"命令，可以把文件存储到指定位置。效果如图 8-3-6 所示。

图 8-3-6 效果图

3. 用元件创建传统补间动画

（1）新建文档，大小设置为"800×600"像素，命名图层为"海洋"。选中文档"海洋"层第 30 帧，插入关键帧。

（2）把素材中的"海洋.jpg"导入到文档中，在"属性"面板中将图片设置为"800×600"像素大小。

（3）点击时间轴下面的"新建图层"按钮，新建4个图层，并分别命名为"海鸥1、海鸥2、海鸥3、海鸥4"，如图8-3-7所示。

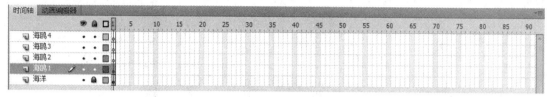

图 8-3-7　新建图层

（4）锁定"海洋"层，执行"插入"/"新建元件"命令，类型选择"图形"，名称定义为"海鸥1"，点击"确定"按钮，如图8-3-8所示。

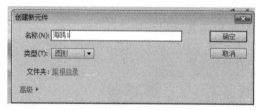

图 8-3-8　创建新元件

（5）执行"文件"/"导入"/"导入到舞台"命令，把"海鸥1.png"导入到舞台中。打开"库"面板，可以看到元件"海鸥1"。

（6）用同样的方法，创建海鸥2、海鸥3、海鸥4元件。

（7）回到"场景"，选中"海鸥1"第1帧。

（8）将库里面的"海鸥1"拖放到图层"海鸥1"中稍微靠右的位置，并适当调整大小。选中第30帧，插入关键帧，将第30帧处的"海鸥1"拖放到屏幕左上方，并适当缩小图像。

（9）选中第1帧，执行"右键/创建传统补间"命令，创建"海鸥1"的补间动画。

（10）用同样的方法，将海鸥2、海鸥3、海鸥4分别根据海鸥的飞行方向，创建"海鸥2、海鸥3、海鸥4"图层的传统补间动画。效果如图8-3-9所示。

图 8-3-9　效果图

（11）执行"控制"/"测试场景"命令，可以预览效果。

（12）执行"文件"/"导出"/"导出影片"命令，可以把影片文件导出到指定位置存储。

（13）执行"文件"/"存储为"命令，可以把文件存储到指定位置。效果如图 8-3-9 所示。

四、任务扩展

用素材库中所给其他素材，进行下列实验操作。

1．用文字创建形状补间动画。

2．用元件创建传统补间动画。

实验 4　Flash CS5 综合案例

一、实验目标

1．综合完成 Photoshop CS5 基本图像操作。

2．综合完成 Flash CS5 基本图像操作。

二、实验准备

1．打开 Photoshop CS5。

2．打开 Flash CS5。

3．找到"实验 4"素材所在位置。

三、实验内容及操作步骤

实验内容

利用第 8 章实验 4 所给素材（丛林.jpg、鹰.jpg、飞鸟 1.jpg、飞鸟 2.jpg、飞鸟 3.jpg、声音.wav），运用 Photoshop 和 Flash 知识点，制作一个鹰捕鸟的动画。

1．Photoshop 相关操作。

2．Flash 相关操作。

操作步骤

1．Photoshop 相关操作

第一步：执行"文件"/"打开"命令，选中素材库中的"鹰"图像并打开。

第二步：执行"选择"/"色彩范围"命令，用打开的对话框中的"吸管工具"选择"鹰"周围的黑色，使"鹰"呈现出来，如图 8-4-1 所示。然后点击"确定"按钮。

第三步：执行"编辑"/"清除"命令，把"鹰"以外的色彩清除掉。

第四步：执行"选择"/"反向"命令，选中鹰。

第五步：执行"文件"/"存储为"命令，在"存储为"对话框中选择"格式"下拉列表的"*.PNG"格式，命名为"鹰.png"。

第六步：在弹出的"PNG 选项"对话框中选择"交错"并点击"确定"按钮，如图 8-4-1 所示。

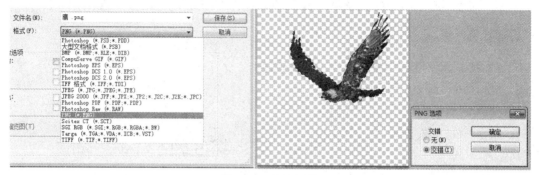

图 8-4-1　抠取图像

第七步：用同样的方法，把素材中"飞鸟 1、飞鸟 2、飞鸟 3"图像打开，并把"飞鸟 1、飞鸟 2、飞鸟 3"单独抠取出来，分别存储为"飞鸟 1.png、飞鸟 2.png、飞鸟 3.png"。

> **提示**　抠取图像"飞鸟 1"的时候，要用套索工具，才能很完整地取下整个图像。在存储图像的时候，一定要存储为"*.png"格式，并且一定要选"交替"项，否则抠取下来的图像有背景，不可用。

2. Flash 相关操作

（1）基本设置

第一步：新建 Flash 文档。

第二步：执行"文件"/"导入"/"导入到舞台"命令，选择素材中的"丛林.jpg"并打开。

第三步：将文件导入到舞台中，并适当调整图像和舞台的大小，让整个画面看起来适合你的界面大小。

第四步：再新建 4 个图层，并分别命名为"飞鸟层、鹰层、背景层、声音层"，如图 8-4-2 所示。

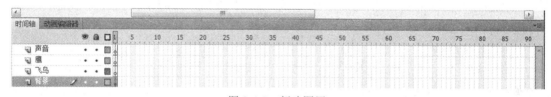

图 8-4-2　新建图层

第五步：选择"背景"层，选择第 80 帧，执行"右键/插入关键帧"命令。

第六步：选择"飞鸟"层，锁定其他图层。

第七步：选择"飞鸟"层第 1 帧，执行"文件"/"导入"/"导入到舞台"命令，把"飞鸟 1.png"导入到舞台中。

第八步：执行"修改"/"变形"/"水平翻转"命令，将"飞鸟 1"变换方向，并用缩放工具（或执行"修改"/"变形"操作）将"飞鸟 1"缩小到适当大小，放置到树林的适当位置，如图 8-4-3 所示。

第九步：选中第 40 帧，插入关键帧。

图 8-4-3　放置飞鸟

（2）制作"飞鸟"层的逐帧动画

第一步：选中"飞鸟"层第 41 帧，执行"右键/插入空白关键帧"命令，把"飞鸟 2.png"导入到舞台中并缩小（操作方法和前面的第八步一样），把"飞鸟 2"拖放到"飞鸟 1"稍微靠右边一点的位置。

第二步：用同样的方法，在第 42 帧处插入空白关键帧，把"飞鸟 3.png"导入到第 42 帧位置，调整大小并水平翻转，拖放到"飞鸟 2"再靠右一点的位置。

第三步：选中第 41 帧执行"右键/复制帧"命令，选中第 43 帧，执行"右键/粘贴帧"命令，将第 41 帧内容粘贴到第 43 帧处，并将第 43 帧处的图再往右拖放一点。

第四步：用同样的方法，复制第 42 帧到第 44 帧处，并拖放到再靠右点。

第五步：重复上述复制粘贴帧操作，直到把飞鸟图像拖放到舞台最右侧边缘位置为止（整个逐帧动画要掌握好帧之间的位置，在 80 帧全部做完鸟要能飞出整个界面）。

第六步：完成"飞鸟"层逐帧动画的制作。

（3）制作鹰的动作补间动画

第一步：选中"鹰"图层第 1 帧，锁定其他图层，执行"文件"/"导入"/"导入到舞台"命令，将"鹰.png"导入到第 1 帧位置。

第二步：将鹰拖放到屏幕上方靠右的位置并适当缩小，使图像看起来给人一种很远的感觉。

第三步：选中第 42 帧，执行"右键/插入关键帧"命令。

第四步：选中第 42 帧，将图像拖放到"鸟 1.png"所在位置附近。

第五步：执行"修改"/"变形"/"水平翻转"命令，并将第 42 帧处的图像放大，给人一种扑到眼前的感觉。

第六步：选中第 80 帧，执行"右键/插入关键帧"命令。

第七步：把第 80 帧处的图像拖放到右边界位置处，并稍微靠近飞鸟所在位置。

第八步：分别选择第 1 帧、第 42 帧，执行"右键/创建传统补间"命令。

（4）插入背景音乐

第一步：锁定其他图层，选择"音乐"层第 1 帧。

　　第二步：执行"文件"/"导入"/"导入到舞台"命令，将素材库中的声音文件导入到舞台中。

　　第三步：执行"窗口"/"属性"命令，打开属性面板。

　　第四步：打开声音属性下拉列表，选中导入的声音文件，并根据需要选中相关项。效果如图8-4-4所示。

图8-4-4　效果图

　　第五步：执行"控制"/"测试场景"命令，可以看到动画效果。

　　（5）存储或者导出文件

　　第一步：执行"文件"/"另存为"命令，把文件存储。

　　第二步：执行"文件"/"导出"/"导出影片"命令，把文件以影片或Flash动画格式导出。

四、任务扩展

　　从网络下载或者自己提供素材，自行设计一个你感兴趣的综合动画，内容涵盖Photoshop和Flash基本知识。

第9章　网页设计基础

实验 1　Dreamweaver CS5 站点建立

一、实验目标

1．熟练掌握站点建立和管理方法。
2．熟练掌握站点文件及文件夹分类管理。
3．熟悉站点文件的保存。
4．熟悉站点文件的临时补充。

二、实验准备

1．打开 Dreamweaver CS5。
2．找到实验 1 素材所在位置。

三、实验内容及操作步骤

1．在桌面上新建一个文件夹，命名为"我的站点"，并按照素材中"站点文件夹.bmp"图像所示内容，在"我的站点"文件夹下新建系列文件夹。
2．将素材中所有素材，归类剪切到对应的文件夹下面。
3．新建站点并将站点存放位置指向桌面上的"我的站点"文件夹。

1．在桌面上新建一个文件夹，命名为"我的站点"，并按照素材中"站点文件夹.bmp"图像所示内容，在"我的站点"文件夹下新建系列文件夹
（1）在桌面执行"右键/新建/文件夹"命令，即可创建文件夹。
（2）在新建文件夹上执行"右键/重命名"命令，将文件夹重命名为"我的站点"。
（3）打开"我的站点"文件夹，用上述方法新建如图 9-1-1 所示的一系列文件夹。
2．将素材中所有素材，归类剪切到对应的文件夹下面
（1）将所给素材按照图片、文字、Flash 动画、电影、声音、按钮分类。
（2）将图片素材剪切到"image"文件夹下面。
（3）将文字素材剪切到"word"文件夹下面。
（4）将 Flash 动画素材剪切到"flash"文件夹下面。

名称 ▲	大小	类型	修改日期
button		文件夹	2017-6-14 14:13
code		文件夹	2017-6-14 14:13
css		文件夹	2017-6-14 14:13
data		文件夹	2017-6-14 14:13
flash		文件夹	2017-6-14 14:13
help		文件夹	2017-6-14 14:13
image		文件夹	2017-6-14 14:13
index		文件夹	2017-6-14 14:13
install		文件夹	2017-6-14 14:13
movie		文件夹	2017-6-14 14:13
music		文件夹	2017-6-14 14:13
other		文件夹	2017-6-14 14:13
word		文件夹	2017-6-14 14:13

图 9-1-1　新建系列文件夹

（5）将电影素材剪切到"movie"文件夹下面。

（6）将声音素材剪切到"music"文件夹下面。

（7）将按钮图像素材剪切到"button"文件夹下面。

3. 新建站点并将站点存放位置指向桌面上的"我的站点"文件夹

（1）打开 Dreamweaver，执行"站点"/"新建站点"命令，打开站点新建对话框。

（2）在"站点名称"文本框中输入"我的站点"，如图 9-1-2 所示。

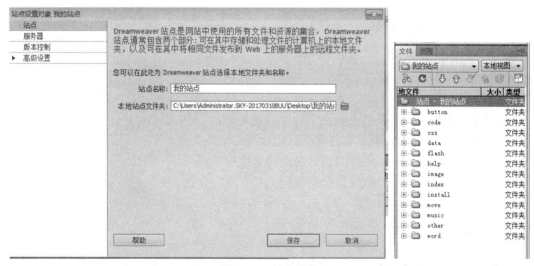

图 9-1-2　站点新建

（3）在"本地站点文件夹"右侧单击"浏览文件夹"图标，选择要存放的位置为"我的站点"文件夹。

（4）点击"保存"按钮，此时在右下角出现站点基本信息，如图 9-1-2 所示。

四、任务扩展

试用上述方法新建一个你喜欢的站点，自己命名站点，存放位置选择在除 C 盘外的其他位置。

实验 2 Dreamweaver CS5 页面布局

一、实验目标

1. 熟练使用表格布局页面。
2. 熟练使用 AP Div 布局页面。
3. 熟悉表格嵌套到 AP Div 布局。
4. 熟悉混合布局页面。
5. 了解表单的使用。

二、实验准备

1. 打开 Dreamweaver CS5。
2. 找到实验 2 素材所在位置。

三、实验内容及操作步骤

1. 站点的建立。
2. 用表格布局头部文件。
3. 用 AP Div 布局页面中部文件。
4. 用表格及 AP Div 混合布局页面文件。
5. 用表单及表格混合布局页面文件。
6. 用导航条布局页面文件。

1. 站点的建立

（1）打开 Dreamweaver，执行"站点"/"新建站点"命令，打开站点新建对话框。

（2）在"站点名称"文本框中输入"实验二站点"，如图 9-2-1 所示。

（3）在"本地站点文件夹"右侧单击"浏览文件夹"图标，选择素材存放的位置，找到"实验二站点"文件夹，点击"选择"。

（4）回到新建站点对话框，点击"保存"。

（5）回到"管理站点"对话框，点击"完成"。

2. 用表格布局头部文件

（1）点击"新建"/"HTML"命令新建页面，如图 9-2-2 所示。

（2）执行"文件"/"另存为"命令，将页面另存为"index.html"，并保存到站点根目录下面，如图 9-2-3 所示。

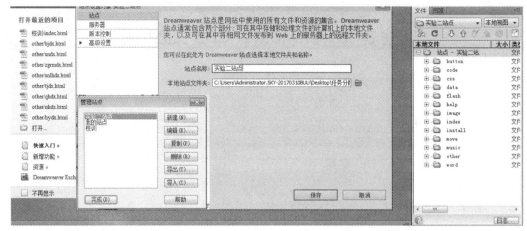

图 9-2-1   站点新建

图 9-2-2   新建页面

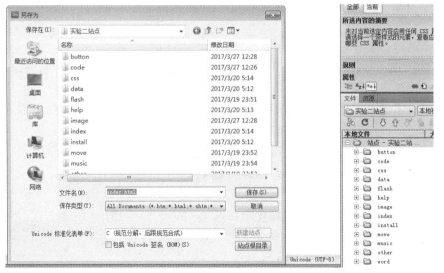

图 9-2-3   "另存为"对话框

（3）执行"插入"/"表格"命令，插入一个两行两列、宽度为 100%、边框粗细为 0 像素、标题顶部对齐的表格，如图 9-2-4 所示。

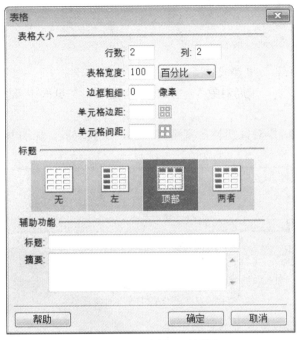

图 9-2-4　"表格"对话框

（4）对表格进行操作

- 选中表格第一行，执行"右键/表格/合并单元格"命令，将第一行两个单元格合并为一行。
- 选中表格第二行第一个单元格，执行"右键/表格/拆分单元格"命令，将第二行第一个单元格拆分为 3 个单元格。
- 设置单元格属性，将第二行第一个单元格属性设置为宽 10%；第二个单元格属性设置为宽 20%；第三个单元格属性设置为宽 25%；第四个单元格属性设置为宽 45%。表格颜色根据个人喜好自由设置，如图 9-2-5 所示。

图 9-2-5　表格设置

- 选中对应的整个表格或者单元格，或者单独的行、列，查看表格属性面板。可以逐项修改表格对应属性，如图 9-2-6 所示。

图 9-2-6　属性面板

💡提示
　　　　表格的宽度属性，根据需要，最好用百分比定义，而不要用像素定义。因为一旦用像素定义宽度，换不同像素比的电脑打开网页后，页面将不能按照比例自动调整缩放，所以会出现显示不全或者显示很难看的情况。
　　　　表格中插入图像的定义方式也要根据需要，采用百分比灵活定义，图像在网页中运行时才会随不同显示器同步自动调整显示。

　　3. 用 AP Div 布局页面中部文件

　　（1）执行"插入" / "布局对象" / "AP Div"命令，在页面中部区域绘制一个"AP Div"对象。

　　（2）设置"AP Div"对象属性：宽度为 70%，颜色随机，如图 9-2-7 所示。

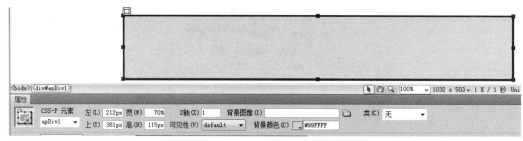

图 9-2-7　　"AP Div"对象属性

　　4. 用表格及 AP Div 混合布局页面文件

　　在 AP Div 对象中插入表格。选中 AP Div 对象，将光标移到对象内，执行"插入表格"命令，插入一个两行两列、居中、宽为 80%、边框为 2 的表格，如图 9-2-8 所示。

图 9-2-8　　表格属性设置

💡提示
　　　　在 AP Div 对象中插入表格，表格宽度属性用百分比设置的内容，所指的是相对于 AP Div 对象而言的百分比。如图 9-2-8 所示的 80%宽度，是相对 AP Div 对象的一个宽度。它随 AP Div 对象的变化而同步变化，自己拉动 AP Div 对象的宽度观察一下表格变化情况。
　　　　AP Div 对象类似于漂浮在上层的一个布局对象，用于布局页面非常灵活。

　　5. 用表单及表格混合布局页面文件

　　（1）在表格中插入表单，如图 9-2-9 所示。

　　①选中表格第一行，执行"插入" / "表单" / "表单"命令。

　　②将光标移到表单中，执行"插入" / "表单" / "按钮"命令。

③将光标移到表单中，执行"插入"/"表单"/"单选按钮"命令。

④将光标移到表单中，执行"插入"/"表单"/"复选框"命令。

⑤将光标移到表单中，执行"插入"/"表单"/"单选按钮组"命令。

⑥将光标移到表单中，执行"插入"/"表单"/"文本域"命令。

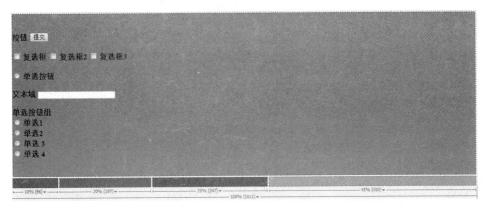

图 9-2-9　表格中插入表单

（2）在 AP Div 中插入表单，如图 9-2-10 所示。

①将光标移到 AP Div 对象中，执行"插入"/"表单"/"表单"命令。

②将光标移到表单中，执行"插入"/"表单"/"按钮"命令。

③将光标移到表单中，执行"插入"/"表单"/"单选按钮"命令。

④将光标移到表单中，执行"插入"/"表单"/"复选框"命令。

⑤将光标移到表单中，执行"插入"/"表单"/"单选按钮组"命令。

⑥将光标移到表单中，执行"插入"/"表单"/"文本域"命令。

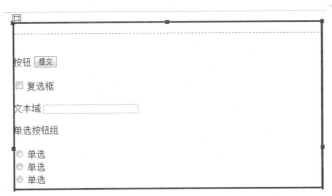

图 9-2-10　AP Div 中插入表单

6. 用导航条布局页面文件

（1）将光标移到表格第二行第一个单元格内。

（2）执行"插入"/"图像对象"/"鼠标经过图像"命令，弹出图 9-2-11 所示的对话框。

（3）在对话框中单击"原始图像"右侧的"浏览"按钮打开站点下面的按钮图像（如北京大学 1.jpg）。

（4）在对话框中单击"鼠标经过图像"右侧的"浏览"按钮打开站点下面的按钮图像（如北京大学 2.jpg）。

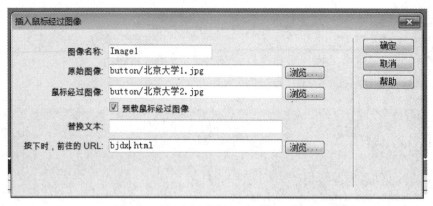

图 9-2-11　"插入鼠标经过图像"对话框

（5）在对话框中单击"按下时，前往的 URL"右侧的"浏览"按钮打开站点下面的页面文件（如 bjdx.html）。

（6）点击"确定"按钮，插入图 9-2-12 所示的导航图片。

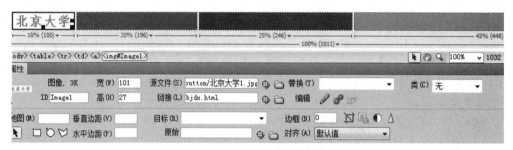

图 9-2-12　导航图片

四、任务扩展

用实验 2 站点文件夹下所给素材，按照下列操作要点和思路，建设一个站点，并对首页进行完整的布局。

1．站点的建立。

2．用表格布局头部文件。

3．用 AP Div 布局页面中部文件。

4．用表格及 AP Div 混合布局页面文件。

5．用表单及表格混合布局页面文件。

6．用导航条布局页面文件。

实验 3　Dreamweaver CS5 综合案例

一、实验目标

1．熟练掌握网页框架设计思路。

2．熟练掌握网站建设方法。

3．熟练使用页面布局方法布局页面。

二、实验准备

1．打开 Dreamweaver CS5。
2．找到实验 3 素材所在位置。

三、实验内容及操作步骤

以"长江三峡"为站点名称，使用实验 3 素材库中的素材，制作一个可以展示三峡风光的静态网站，设计内容包括以下几个要素。

1．网站构思草图的设计。
2．素材准备。
3．站点建立。
4．一次性新建页面。
5．使用 HTML 模板布局页面头部和底部文件。
6．将页面框架布局应用到首页和所有二级页面。
7．完整编辑首页页面文件。
8．站点测试。

1．网站草图

根据网站建设内容要求，初步构思网站草图，如图 9-3-1 所示。

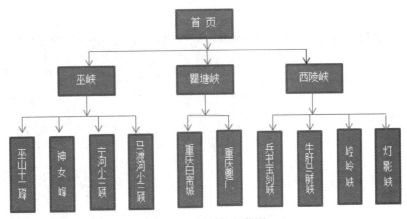

图 9-3-1　网站构思草图

2．准备素材
（1）找到实验 3 素材所在位置。
（2）在准备存放站点的位置新建文件夹（本例存放在桌面），并将文件夹重命名为"长江三峡"。

（3）将实验 3 文件夹下面的所有素材全部复制到"长江三峡"文件夹中。

（4）在"长江三峡"文件夹下面新建你认为还要补充的文件夹。

（5）将你认为还需要补充的素材资料分类复制到"长江三峡"文件夹下面的对应子文件夹中。

（6）若后续页面设计中还需要临时补充其他资料，必须先将资料复制到"长江三峡"文件夹下面对应的子文件夹中，才能使用。

3. 站点建立

（1）打开 Dreamweaver，执行"站点"/"新建站点"命令，打开站点新建对话框。

（2）在"站点名称"文本框中输入"长江三峡"，如图 9-3-2 所示。

（3）在"本地站点文件夹"右侧单击"浏览文件夹"图标，选择你的站点需要存放的位置为桌面上的"长江三峡"文件夹，如图 9-3-2 所示。

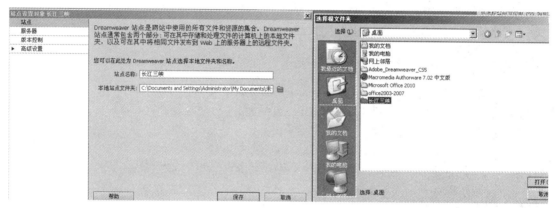

图 9-3-2　站点新建

（4）选择"长江三峡"文件夹，点击"打开"按钮。

（5）点击"选择"按钮，回到图 9-3-3 所示对话框，此时站点文件夹已指向新建的"长江三峡"文件夹。

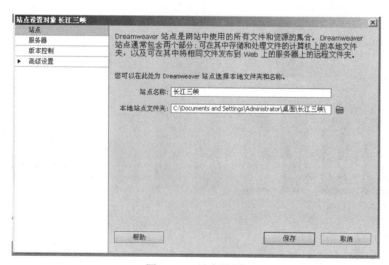

图 9-3-3　站点设置

（6）点击"保存"，在右下角出现站点基本信息，如图 9-3-3 所示。

（7）此时可以看到 Dreamweaver 右侧的站点文件显示，如图 9-3-4 所示。

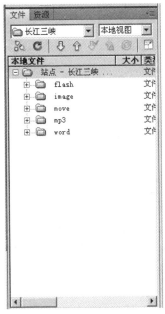

图 9-3-4　站点文件显示

4. 新建页面文件

（1）点击"新建" / "HTML"开始新建网页文件，如图 9-3-5 所示。

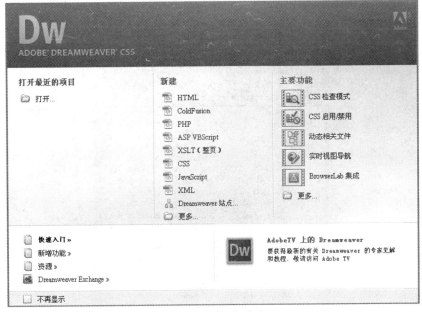

图 9-3-5　新建页面

（2）执行"文件" / "另存为"命令，将首页页面命名为"index.html"并保存在站点根目录下，如图 9-3-6 所示。

图 9-3-6 "另存为"对话框

（3）用同样的方法，即多次执行"另存为"命令，按照设计草图，一次性新建好其他所有二级页面、三级页面，以页面名称声母简称的小写字母命名，并保存到站点下的 other 子文件夹下面（若站点下面没有 other 文件夹，打开"长江三峡"文件夹，自己临时新建一个文件夹并重命名为"other"）。

（4）初步按照设计草图新建完毕所有页面并保存后，查看站点文件，可以看到如图 9-3-7 所示的站点文件。

图 9-3-7 站点文件

（5）若后续页面设计还需要补充其他页面，也要保存在站点下面相应的位置，做到归类放置、方便使用。

5. 使用 HTML 模板布局页面头部和底部文件

（1）执行"文件"/"新建"命令，打开如图 9-3-8 所示的"新建文档"对话框。

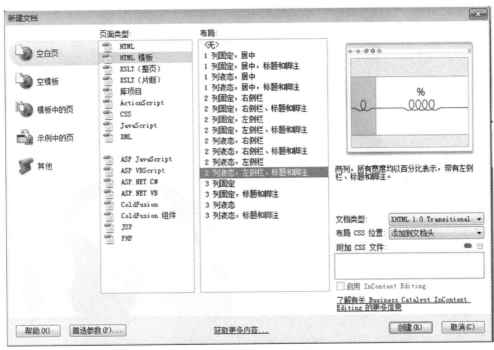

图 9-3-8　新建 HTML 模板

（2）"页面类型"选"HTML 模板"，"布局"选用"2 列液态，左侧栏、标题和脚注栏"项。

（3）点击"创建"按钮，创建如图 9-3-9 所示页面。

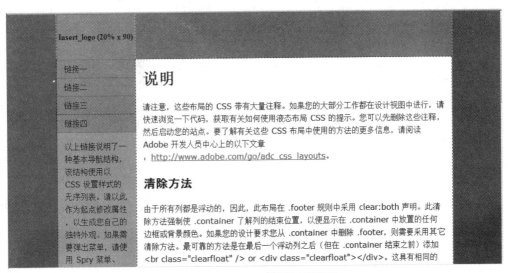

图 9-3-9　HTML 模板创建页面

（4）点击页面左上角的"Insert_logo（20%×90）"，按 Delete 键直接把该部分删除。

（5）执行"插入"/"表格"命令，在弹出的"表格"对话框中，新建一个一行两列的表格。

（6）表格宽度设为"100%"，边框粗细设置为"0"，标题选"顶部"，点击"确定"按钮，如图 9-3-10 所示。

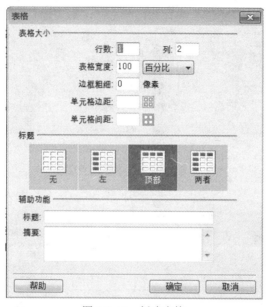

图 9-3-10　新建表格

（7）将光标移到新建表格第一个单元格，将单元格属性设置为宽度 20%，高度 90，水平对齐方式为"居中对齐"，垂直对齐方式为"居中"，如图 9-3-11 所示。

图 9-3-11　单元格属性设置

（8）将光标移到新建表格第二个单元格，将单元格属性设置为宽度 80%，高度 90，水平对齐方式为"居中对齐"，垂直对齐方式为"居中"。

（9）将光标移到第一个单元格，执行"插入"/"图像"命令，将素材中的"三峡情 logo.png"插入到第一个单元格内。

（10）选中第一个单元格内的图片，在"属性"面板，将图片属性的宽设置为"100%"，高设置为 90，对齐设置为"居中"，如图 9-3-12 所示。

图 9-3-12　logo 图片属性设置

（11）将光标移到第二个单元格，执行"插入"/"图像"命令，将素材中的"三峡头部文件.png"插入到第二个单元格内。

（12）选中第二个单元格内插入的图片，在"属性"面板，将图片属性的宽设置为"100%"，高设置为 90，对齐设置为"居中"。设置完毕的头部文件如图 9-3-13 所示。

图 9-3-13　页面头部形状

（13）光标移到页面底部，选中底部文本内容并删除。

（14）在底部输入文字"版权所有：计算机基础教研室"，按回车键，再输入"2017.04"字样。

（15）选中文本，将"属性"面板中的对齐方式设置为"居中对齐"，效果如图 9-3-14 所示。

图 9-3-14　底部文件属性设置

（16）选中页面文件左上方的"链接一、链接二、链接三、链接四"，分别修改为"首页、巫峡、西陵峡、瞿塘峡"，如图 9-3-15 所示。

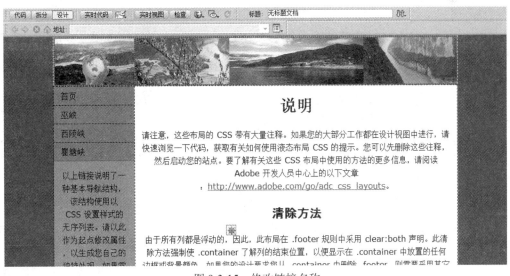

图 9-3-15　修改链接名称

（17）选中"首页"字样，执行"插入"/"超链接"命令，打开如图 9-3-16 所示的对话框，点击"链接"右侧的"浏览"按钮，打开如图 9-3-17 所示"选择文件"对话框。

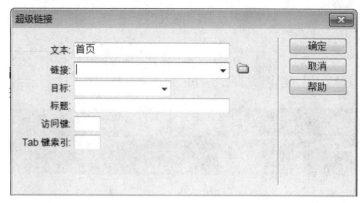

图 9-3-16　超链接对话框

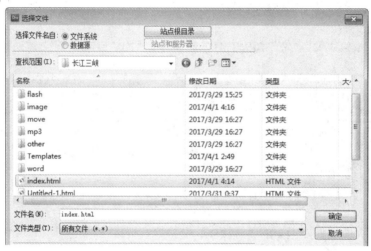

图 9-3-17　"选择文件"对话框

（18）选择文件中的"index.html"文件，完成"首页"文件的超链接。

（19）用同样的方法，给"巫峡、西陵峡、瞿塘峡"文本创建超链接，分别把超链接指向文件"wx.html、xlx.html、qtx.html"。

6. 将页面框架布局应用到首页和所有二级页面

（1）打开上步设置好的页面，执行"文件/另存为"命令，将页面另存为"index.html"，覆盖原来的"index.html"文件。

（2）用同样的方法，再执行三次"文件"/"另存为"命令，将页面分别另存为"wx.html、xlx.html、qtx.html"，覆盖原来的"wx.html、xlx.html、qtx.html"文件。

（3）执行"文件"/"保存全部"命令，将文件保存。

（4）执行"文件"/"在浏览器中预览"/"Iexplore（也可选择其他浏览器预览）"命令，即可看到页面运行效果，如图 9-3-18 所示。

7. 完整编辑首页页面文件

（1）打开首页文件 index.html。

（2）打开站点"word"文件夹下面的"首页文档.txt"，复制文档全部内容。

（3）回到首页文件 index.html，直接把首页原来的文字删掉，把复制过来的内容粘贴到文件的左侧位置，如图 9-3-19 所示。

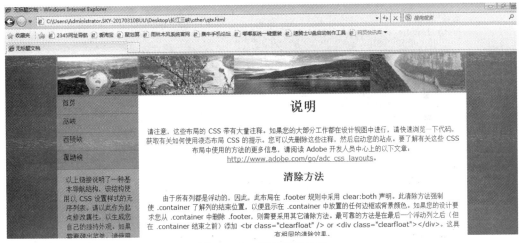

图 9-3-18　页面运行效果

（4）将文本属性大小设置为 75%，适当修改属性的颜色，如图 9-3-19 所示。

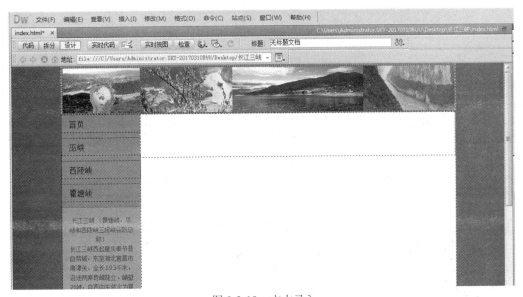

图 9-3-19　文本录入

（5）执行"文件"/"另存为"命令，将文件保存为"index.html"。

（6）执行"文件"/"在浏览器中预览"/"Iexplore（也可选择其他浏览器预览）"命令，即可看到页面运行效果。

（7）将光标移到文件中部超链接右侧位置，执行"插入"/"媒体"/"插件"命令，打开"选择文件"对话框，选择站点文件夹下面的"mp3"子文件夹，选择需要插入的音乐文件，如图 9-3-20 所示。

（8）点击插入的插件，在"属性"面板中设置"宽度：100%，高：45，对齐：居中"，如 9-3-21 所示。

（9）将光标移到文件中部位置，执行"插入"/"媒体"/"FLV"命令，打开"插入 FLV"对话框，点击"URL"右侧的"浏览"按钮，选择站点文件夹下面的"movie"子文件夹，选择需要插入的 FLV 文件"三峡之恋.flv"，如图 9-3-22 所示。

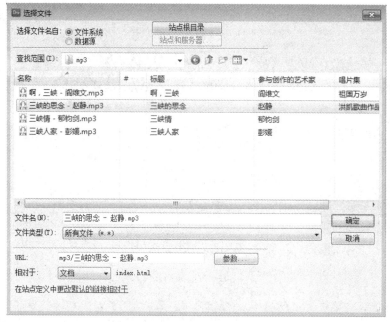

图 9-3-20　插入 mp3 对话框

图 9-3-21　设置 mp3 属性

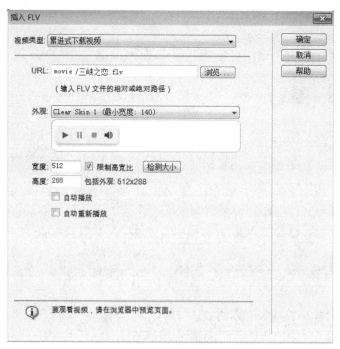

图 9-3-22　插入 FLV 对话框

（10）点击图 9-3-22 所示对话框中的"检测大小"按钮，自动填入宽高，勾选"限制高宽比"复选框，点击"确定"按钮。

（11）执行"文件"/"保存全部"命令。

（12）执行"文件"/"在浏览器中预览"/"Iexplore（也可选择其他浏览器预览）"命令，即可看到页面运行效果，如图 9-3-23 所示。

图 9-3-23   浏览首页

8．站点测试

（1）回到桌面，打开站点文件夹"长江三峡"。

（2）选中站点文件夹下的"index.html"文件，选择不同的浏览器打开并浏览页面。

（3）点击页面超链接及其他项，测试运行效果。

四、任务扩展

用"长江三峡"站点文件夹下所给其他素材，根据页面设计要求，自行使用 Photoshop 软件对图像进行处理。按照本实验构建页面的思路，完成余下的所有二级页面、三级页面的设计，页面布局可按照自己的审美观点自由布局。

第 10 章　常用软件基本操作

实验 1　压缩软件 WinRAR 5.40 简体中文版的使用

一、实验目标

1．熟悉压缩软件 WinRAR 5.40 简体中文版的压缩操作。
2．熟悉压缩软件 WinRAR 5.40 简体中文版的解压操作。

二、实验准备

1．Windows 7 或其他版本 Windows 操作系统。
2．找到压缩软件 WinRAR 5.40 简体中文版所在位置。

三、实验内容及操作步骤

说明：WinRAR 是一款功能强大的文件压缩管理工具，它能备份你的数据，减小你的附件大小，解压、压缩你的*.RAR、*.ZIP 文件，是最常用的压缩软件之一。

1．WinRAR 5.40 简体中文版的安装。
2．利用 WinRAR 5.40 压缩文件。
3．WinRAR 5.40 压缩文件的解压。

1．WinRAR 5.40 简体中文版的安装
（1）在素材库中找到"wrar540scp.exe"。
（2）双击"wrar540scp.exe"，出现图 10-1-1 所示的安装对话框，直接点击"安装"即可。
2．利用 WinRAR 5.40 压缩文件
（1）选择单个或者多个需要压缩的对象。
（2）在需要压缩的对象上点击鼠标右键，出现图 10-1-2 所示的快捷菜单。
（3）其中有四个关于压缩的选项，如图 10-1-2 所示。
（4）选择"添加到压缩文件(A)"，出现图 10-1-3 所示对话框。
（5）默认情况下将压缩为与源文件同名且存放路径完全一致的文件。
（6）若需要重新对压缩文件命名，则在图 10-1-3 所示的"压缩文件名"文本框中输入名称。

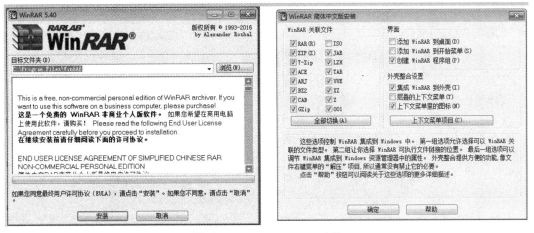

图 10-1-1 WinRAR 5.40 安装

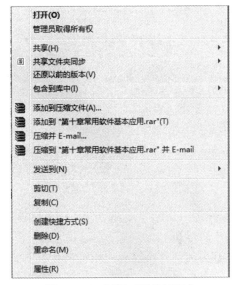

图 10-1-2 压缩工具快捷菜单

图 10-1-3 "压缩文件名和参数"对话框

（7）若需要改变存放路径，则单击图 10-1-3 右侧的"浏览"按钮，选择存储位置即可。

（8）勾选图 10-1-3 所示的"创建自解压格式压缩文件"复选框，可以创建自解压文件。点击"设置密码"按钮，可以设置解压密码。

（9）在图 10-1-2 所示快捷菜单中若选择"添加到*.rar(T)"项，则跳过"压缩文件名和参数"对话框，直接压缩为一个同文件名且存放路径和源文件完全一致的压缩文件。

（10）点击"文件"选项卡，则出现 10-1-4 所示的对话框，点击"要添加的文件"右侧的"追加"按钮，可以追加文件到压缩文件中。

图 10-1-4 "文件"选项卡

（11）点击"要排除的文件"右侧的"追加"按钮，可以排除压缩文件中的预选文件。

3．WinRAR 5.40 压缩文件的解压

（1）自解压文件的解压。该类文件不需要用压缩软件打开，直接双击文件，即打开自解压对话框，如图 10-1-5 所示，点击"解压"按钮即可解压到默认位置。若需要另外指定解压文件的存放位置，点击图中的"浏览"按钮，另外指定存放位置即可。

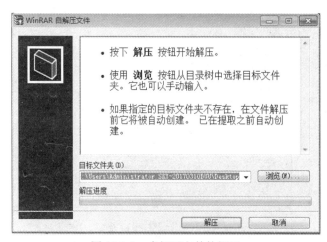

图 10-1-5 自解压文件的解压

（2）普通压缩文件的解压。在压缩文件上点击右键，弹出如图 10-1-6 所示的快捷菜单，选择"用 WinRAR 打开(W)"项，可以打开如图 10-1-7 所示解压缩文件对话框，选中对应文件可以实现对部分或全部文件的解压，可以解压到默认位置或者指定位置；选择"解压文件(A)"项，可以打开如图 10-1-8 所示"解压路径和选项"对话框，可以选择解压文件存放路径；选择"解压到当前文件夹(X)"项，可以把文件解压到当前文件夹下面；选择"解压到*(E)"项，可以把文件解压到当前文件夹，与"解压到当前文件夹(X)"相比只路径多一层同名文件夹。

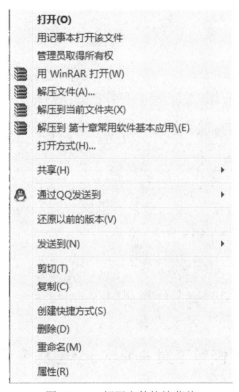

图 10-1-6　解压文件快捷菜单

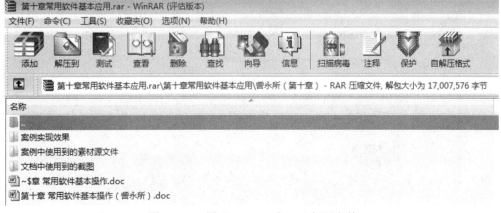

图 10-1-7　用"WinRAR 打开"解压文件

图 10-1-8　"解压路径和选项"对话框

（3）加密压缩软件的解压。加密压缩文件的解压多一个压缩密码对话框，输入正确解压密码之后，其解压方式和普通压缩文件完全一致。

四、任务扩展

试用 WinRAR 5.40 压缩软件的其他选项对压缩文件进行多项压缩解压实践，进一步加深对该软件压缩解压功能的理解。

实验 2　数据恢复工具 Recovery 数据恢复大师的使用

一、实验目标

1. 了解数据恢复工具 Recovery 数据恢复大师手机数据恢复功能的使用。
2. 了解数据恢复工具 Recovery 数据恢复大师电脑数据恢复功能的使用。

二、实验准备

1. Windows 7 或其他版本 Windows 操作系统。
2. 找到数据恢复工具 Recovery 数据恢复大师安装文件所在位置。

三、实验内容及操作步骤

说明：Recovery 数据恢复大师是一款功能强大的数据恢复软件，可以对电脑数据、U 盘数据、数码相机数据、安卓手机数据、苹果手机数据进行数据恢复，是最常用的数据恢复软件之一。

实验内容

1. 数据恢复软件 Recovery 的安装。
2. 数据恢复软件 Recovery 电脑数据恢复功能使用。
3. 数据恢复软件 Recovery 安卓手机数据恢复功能使用。

操作步骤

1. 数据恢复软件 Recovery 的安装

（1）双击素材中的"RecoverSetupBN.exe"安装文件，在弹出的安装文件对话框中选择安装路径或者默认路径安装文件，如图 10-2-1 所示。

图 10-2-1　安装文件对话框

（2）依次双击素材中的"AndroidRecoverSetupBN.exe"和"iPhoneRecoverSetupBN.exe"文件，可以快速安装安卓手机数据恢复软件和苹果手机数据恢复软件。

2. 数据恢复软件 Recovery 的电脑数据恢复功能使用

（1）双击桌面上的"万能数据恢复大师 6"快捷图标或者从"程序"菜单打开数据恢复软件，如图 10-2-2 所示。

图 10-2-2　数据恢复界面

（2）单击要恢复的盘符（硬盘或者移动硬盘或者其他外部存储设备）。

（3）点击"下一步"按钮，弹出"扫描模式"界面，如图 10-2-3 所示，选择数据丢失类型选项进行扫描，点击"下一步"按钮。

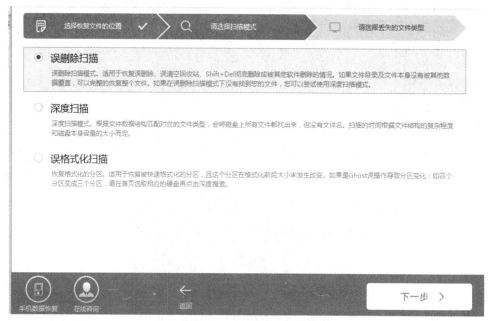

图 10-2-3　扫描模式选项

（4）在打开的"丢失文件类型"界面中，勾选丢失文件的类型，如图 10-2-4 所示，点击"下一步"按钮。

图 10-2-4　丢失文件类型选项

（5）弹出原来从 U 盘误删除的符合前一步所选择文件类型的界面，如图 10-2-5 所示。

图 10-2-5　扫描到的丢失文件

（6）勾选你需要恢复的文件，点击"恢复"按钮，选择恢复文件存放位置即可完成对丢失文件的恢复。

（7）若不是注册用户，系统会弹出注册对话框，如图 10-2-6 所示，填写邮箱或者手机号码即可注册成会员。

图 10-2-6　注册用户

（8）Recovery 是个付费软件，可根据自己的需要谨慎注册使用。若只下载破解版或者试用版试用，要遵守相关法律法规合法使用。

3．数据恢复软件 Recovery 安卓手机数据恢复功能使用

（1）直接点击桌面上的"安卓手机恢复大师"快捷图标，或者从"程序"菜单，也可打开"万能数据恢复大师 6"，如图 10-2-7 所示，点击左下角的"手机数据恢复"按钮，选择手机类型，点击"运行"即可进入手机数据恢复界面。

（2）弹出图 10-2-8 所示的检测手机数据界面。

（3）按图 10-2-9 所示，在手机上开启"USB 调试"功能选项。

图 10-2-7　手机数据恢复

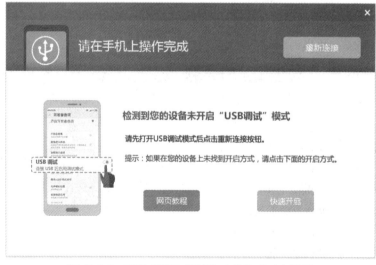

图 10-2-8　检测手机

图 10-2-9　手机"USB 调试"功能选项开启提示

（4）若第一次使用该恢复软件对手机数据进行恢复，则需要对手机进行驱动程序的安装和 root 功能的开启，root 功能的开启要慎用。这里不再逐一详述。

（5）驱动安装完成并成功 root 后，具体数据恢复操作过程可参阅电脑数据恢复进行。

四、任务扩展

1．尝试进行手机数据恢复功能的驱动安装和手机 root 功能开启，注意信息安全。

2．尝试用软件的苹果手机数据恢复功能，对苹果手机丢失数据进行恢复操作。

实验 3　一键恢复硬盘版 OneKey 8.0 工具的使用

一、实验目标

1．熟悉 OneKey 8.0 工具的备份操作。

2．熟悉 OneKey 8.0 工具的恢复操作。

二、实验准备

1．Windows 7 或其他版本 Windows 操作系统。

2．找到素材中一键恢复硬盘版 OneKey 8.0 安装文件所在位置。

三、实验内容及操作步骤

说明：一键恢复硬盘版 OneKey 8.0 是一款功能强大、方便易用的操作系统备份和克隆安装软件，具备快速装机、快速恢复操作系统的功能。

实验内容

1．安装硬盘版一键恢复 OneKey 8.0。

2．使用一键恢复 OneKey 8.0 备份系统。

3．使用一键恢复 OneKey 8.0 恢复系统。

操作步骤

1．安装硬盘版一键恢复 OneKey 8.0

（1）双击素材中的压缩文件 OneKey_8.0.0.206_XiaZaiBa.zip 或者直接解压该文件。

（2）双击 OneKey.exe 可以直接使用该软件（素材所给软件为绿色免安装版本）。

2．使用一键恢复 OneKey 8.0 备份系统

（1）双击"OneKey.exe"，打开如图 10-3-1 所示界面。

（2）选择"备份系统"单选按钮。

（3）点击"保存"按钮选择存放系统备份文件的路径，一般以默认路径存放。不要轻易修改此项，否则系统还原时不方便找到对应的备份文件。

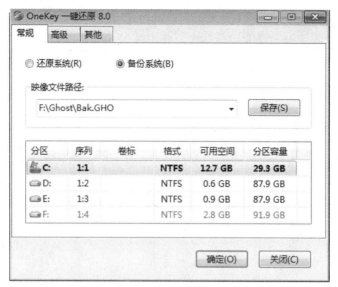

图 10-3-1　一键还原 8.0 备份系统界面

（4）选择需要备份的分区，系统默认的备份分区是 c:分区。

（5）点击"确定"按钮，开始备份系统。

3．使用一键恢复 OneKey 8.0 还原系统

（1）双击"OneKey.exe"，打开如图 10-3-2 所示界面。

图 10-3-2　系统还原

（2）选择"还原系统"单选按钮。

（3）点击"打开"按钮选择存放系统备份文件的路径，一般系统选择默认存放路径。若需要自行选择存放在非默认路径下的备份文件，可使用"打开"按钮打开备份文件。

（4）选择需要还原的分区，系统默认的还原分区是 c:分区。

（5）点击"确定"按钮，系统弹出还原提示对话框，单击"是"按钮则系统重启，自动还原。

> **提示**　　若使用的是一键恢复非免安装硬盘版，则在开机启动项有"一键恢复"选项，开机时可以直接用键盘上的方向键选择，即可对系统进行备份和恢复操作。尤其是在系统文件被破坏，无法正常启动时，必须使用安装版的，在开机启动项有可以启动的系统还原软件，才能更方便地对系统进行还原操作（还原的前提是必须先有备份文件）。

四、任务扩展

自己下载试用一键还原 U 盘版工具，对系统进行备份还原操作。

参考文献

[1] 吴东伟. Dreamweaver CS6 从新手到高手[M]. 北京：清华大学出版社，2015.

[2] 张顺利. Flash CS6 动画制作入门与进阶[M]. 北京：机械工业出版社，2015.

[3] 容会. 办公自动化案例教程[M]. 北京：中国铁道出版社，2016.

[4] 陈国良. 大学计算机——计算思维视觉[M]. 北京：高等教育出版社，2014.

[5] 李涛. Photoshop CS5 中文版案例教程[M]. 北京：高等教育出版社，2012.

[6] 路甬祥. Windows XP，Office 2003 试题汇编[M]. 北京：北京希望电子出版社，2008.

[7] 徐日. Access 2010 数据库应用与实践[M]. 北京：清华大学出版社，2014.

[8] 张洪明. 大学计算机应用基础[M]. 昆明：云南大学出版社，2007.

[9] 张静，张俊才. 办公应用项目化教程. 北京：清华大学出版社，2012.

[10] 吴卿. 办公软件高级应用实践教程. 杭州：浙江大学出版社，2010.